大数学家讲故事

李毓佩数学童话

爱数王国大作战

李毓佩 著

北方联合出版传媒(集团)股份有限公司
春风文艺出版社
·沈阳·

图书在版编目（CIP）数据

李毓佩数学童话. 爱数王国大作战 / 李毓佩著. —
沈阳：春风文艺出版社，2023. 11
（大数学家讲故事）
ISBN 978-7-5313-6518-1

Ⅰ. ①李… Ⅱ. ①李… Ⅲ. ①数学—少儿读物 Ⅳ.
①01-49

中国国家版本馆CIP数据核字（2023）第165607号

北方联合出版传媒（集团）股份有限公司
春风文艺出版社出版发行
沈阳市和平区十一纬路25号 邮编：110003
辽宁新华印务有限公司印刷

选题策划：赵亚丹 责任编辑：刘 佳
责任校对：陈 杰 绘 画：郑凯军
封面设计：金石点点 幅面尺寸：145mm×210mm
字 数：78千字 印 张：5
版 次：2023年11月第1版 印 次：2023年11月第1次
定 价：25.00元 书 号：ISBN 978-7-5313-6518-1

目录

国王的考验

鬼算王国要对爱数王国发动进攻，可是爱数国王重病在身，不能起床，国王就把抗击外敌入侵的重任交给了爱数王子，并让七八大臣和五八司令辅佐王子。爱数国王又听说爱数王子带回一名四年级的小学生杜鲁克，只有10岁，但聪明过人，特别是数学，

出奇地好，外号“数学小子”。在爱数王子归国途中，他给王子出了不少好主意，帮了大忙，爱数王子已经请他担任全军的参谋长。爱数国王认为他应该考验一下杜鲁克，因此决定亲自接见杜鲁克。

爱数王子带着杜鲁克进了王宫。爱数国王六七十岁的样子，身体消瘦，面色蜡黄。杜鲁克见到国王，行了个少先队员的举手礼，大声说道：“敬礼！爱数国王好！”

爱数国王哪见过这种礼节！他也把手举了起来：“敬礼！数学小子好！”

国王想试试杜鲁克的数学到底怎么样，就对他说：“娃娃，你才10岁数学就这么好，真是令人佩服哇！我是爱数国王，也非常喜欢数学，我想问你一个数学问题，怎么样？”

“俗话说，初生牛犊不怕虎，尽管我的数学水平还十分有限，但是我愿意接受您的考验。”

“好！”爱数国王就喜欢杜鲁克这股劲儿，“我心中在想着一个自然数，这个自然数小于64而大于1，你说说我心里想的是哪个自然数？”

听罢题目，周围的人议论纷纷。

爱数王子替杜鲁克打抱不平："这怎么猜？范围太大了！"

七八大臣苦笑着说："我看只有神仙才能猜得着。"

五八司令更干脆："我如果遇到这样的问题，只能投降！"

杜鲁克笑着对国王说："王子说得对，从2到63一共有62个数，如果您让我一次就说出答案，我就能神机妙算了。"

国王问："你要猜几次？"

杜鲁克想了想："猜六次，最多七次，我一定能告诉您这个数是几！"

爱数国王点点头："好！军中无戏言，如果到第七次你还猜不出来，我可要重重地惩罚你！"

"一定！"

"最多七次就能猜出来？这不可能吧？"大家都为杜鲁克担心。

第一次，杜鲁克问国王："这个数不小于32，对吗？"

“不对！”

“一次啦！”五八司令在一旁记着数。

“这个数不小于16，对吗？”

国王摇摇头。

“两次啦！”五八司令又加上一次。

“这个数不小于8，对吗？”

这次爱数国王没有否定，而是点了点头。

“三次，有苗头了！”五八司令又兴奋又紧张地说。

杜鲁克停住了，爱数王子紧张地问：“怎么不问了？出事了？”周围的人也跟着紧张起来。

杜鲁克看大家如此紧张，扑哧一声笑了：“你们紧张什么？我歇口气。该第四次了吧？这个数不小于12，对吗？”

国王又开始摇头。

“这个数不小于10，对吗？”

国王第二次点头。

五八司令着急地说：“数学小子，你已经问了五次，只剩下最后两次了！”

“知道！”杜鲁克十分冷静，继续问，“这个数不小于11，对吗？”

国王摇摇头，然后坐了起来：“六次已问完，看来你还需要问第七次呀！”

“不用！您心中想的自然数是10！”杜鲁克回答得十分肯定。

“对吗？”大家充满好奇和紧张的目光全集中在国王的脸上。

国王面无表情。

周围死一样沉寂。

只有杜鲁克在抿着嘴笑。

突然，国王高举双手：“数学小子答对了！”

在场的人都松了一口气，向杜鲁克投去赞赏的目光。

七八大臣问杜鲁克：“数学小子，你是怎样猜出来的？”

五八司令在一旁嘟嘟囔囔：“如果说不出道理，很可能是蒙的！”

“蒙的？”杜鲁克认真地说，“你们谁来蒙一次？”

爱数王子赶紧出来打圆场：“这绝不可能是蒙

的，杜鲁克你快说说其中的道理吧！”

杜鲁克解释说：“我用的是老师教给我的‘二分逼近法’，为了说清楚，我画一个图。”说完在地上画了一条横线：

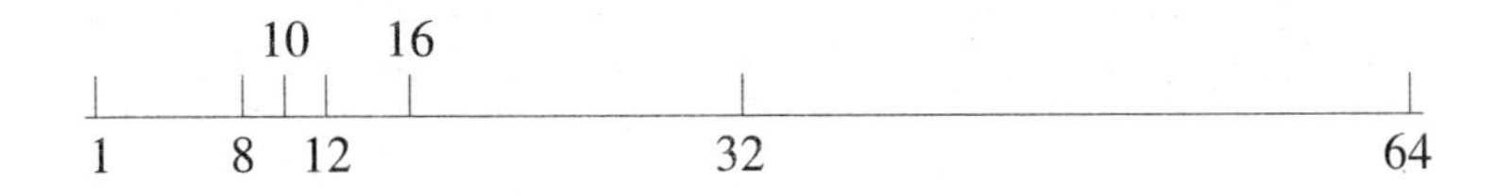

杜鲁克指着图说：“这图上画的是从1到64。我第一次问国王‘这个数不小于32’，这个32紧靠线段的中点，国王说不对。国王的否定，就排除了这个要找的数在32到64这半段的可能！我只考虑1到32这半段就行了。”

“对呀！”还是爱数王子反应快，“父王的否定，使寻找范围立刻缩小一半。这就是二分法！杜鲁克又接着问‘这个数不小于16’，父王又一次否定，这样16到32这段可以不要了，又少了一半，要找的数只能在1到16之间了。”

“明白了，明白了！”在场的人纷纷点头，“这‘二分逼近法’果然奇妙无比！”

爱数国王突然问了一个问题："你问我六次是怎样算出来的？"

"'二分逼近法'就是每次要除以2，而64=2×2×2×2×2×2，64是六个2连乘，所以我要问六次。"杜鲁克的回答，让爱数国王连连点头。

通过考察，国王对杜鲁克十分满意，他当场决定："数学小子是难得的人才，我们和鬼算王国开战在即，我现在正式任命数学小子为我军参谋长，协助王子共同抗敌！"

"什么！真让我当参谋长啊？我可提前说好，我从没当过那么大的官，和小朋友玩数学游戏时，我也只当过班长！"杜鲁克的话，逗得全场的人哈哈大笑。

五八司令跑过来说："我们这里将军的称呼很特别，前面都带有数字，比如大臣今年56岁，由于7×8=56，所以叫七八大臣。我今年刚好40岁，5×8=40，所以我叫五八司令。你是参谋长，也是将军级的，你今年10岁，2×5=10，你就叫'二五参谋长'，怎么样？"

"不行，不行！"杜鲁克连摆手带摇头，"二五这两个数，绝不能连用！”

“连用怎么啦？”

“在我们那儿，把‘一瓶子不满，半瓶子晃荡’，什么事都办不成的人叫‘稀松二五眼’！我能叫‘二五参谋长’吗？”杜鲁克急得脸都涨红了。

国王当场决定：“数学小子就叫‘参谋长’，咱们破个例，前面不加数字了！”

“是！”五八司令接受命令。

战前会议

由于时间紧迫，爱数王子立刻召开战前会议。王子说：“鬼算国王早就预谋吞并我国了，前几天他邀我去打猎，就想置我于死地。多亏遇到了杜鲁克，我们才死里逃生，返回祖国。”

杜鲁克接着说：“和鬼算国王打了几次交道，我发现这个人诡计多端，十分狡猾。和这种人作战，必须多动脑筋，要智取，不能蛮干！”

“对！说得太好了！”七八大臣说，“我和鬼算国王打过多年交道，他做事总是真真假假，虚虚实实，让你摸不清他心里想什么。他说的话如果有十分内容，你最多只能听三分！”

五八司令也不甘示弱地补充：“鬼算国王打仗时，喜欢摆出各种阵法，变幻莫测，让你的部队攻进去就出不来！”

“大敌当前，我们不能打无准备之仗。我命令——”爱数王子此言一出，所有在场的文武官员唰的一声全部起立，听候命令。只有杜鲁克呆呆地坐在那里，没动窝儿。

五八司令小声提醒杜鲁克：“参谋长，最高统帅爱数王子要发布命令，你应该站起来！”

“是吗？”杜鲁克腾的一下蹦了起来。

爱数王子宣布：“由于时间紧迫，我命令，我军各支部队，在五八司令的带领下，马上开始操练，要练队列，练射击，练布阵。总之，战斗中用到的各种技巧，都要练！只有我们平时多流汗，战时才能少流血！”

全体官员齐声高喊：“王子英明！王子伟大！”

文武官员各自准备去了。

杜鲁克问王子：“我现在干什么？”

“咱俩先去攻坚营看看。”爱数王子边走边向杜鲁克介绍，“攻坚营由五个连组成，包括大刀连、长枪连、铜锤连、短棍连，还有弓箭连。这些士兵都是经过严格挑选的，个个武艺高强，是我军的精锐部队。”

来到练武场，他们看到攻坚营的士兵个个奋勇当先，苦练御敌的本领。这时，一名身材十分魁梧的军官跑过来向王子敬礼，问："王子有何指示？"

王子还礼后问道："铁塔营长，这五个连队的训练你是怎样安排的呀？"

"铁塔营长？"杜鲁克对这个名字很好奇。他仔细观察这位营长，只见他身高足有两米，长得膀大腰圆，手像两把大蒲扇，胳膊上的青筋暴起，可能是长期在阳光下操练的缘故，这位营长面孔是黑里透亮，活像一座黑铁塔。看罢，杜鲁克不由得点点头：好一员猛将！

铁塔营长汇报说："报告王子，我安排大刀连1小时训练一次，长枪连2小时训练一次，铜锤连3小时训练一次，短棍连4小时训练一次，弓箭连5小时训练一次。报告完毕。"

王子低头想了想，问铁塔营长："我很忙，要是想在某一个时刻同时看他们训练，我应该什么时候来呀？"

"这个……"铁塔营长摸着脑袋，傻傻地站在那里。

王子知道像这样的问题，铁塔营长是回答不出来的，干脆问问杜鲁克吧！王子一回头："参谋长，你说我应该什么时候来呢？"

杜鲁克并没立刻回答，他也得算一算哪！只见杜鲁克的脑袋左晃了五下，右晃了五下，眼珠在眼眶里转了十圈儿，然后笑嘻嘻地说："鬼算国王说三天后就要发起进攻，咱们一天按24小时计算，三天就是72小时。"

王子有点儿着急："我没让你算鬼算国王什么时候发动进攻，我是让你计算我什么时候来能同时看到他们的训练！"

"你别着急呀！"杜鲁克不慌不忙地说，"五个连训练的时间分别是1小时、2小时、3小时、4小时、5小时一次。要求他们共同训练的时间，就要求这五个数的最小公倍数。我算了一下，它们的最小公倍数是3×4×5=60。"

王子拍着脑门儿："这么说，五个连队日夜不停地训练，我也需要60个小时之后来才能一起看到。

可是，我不能让他们不休息呀。就算让他们每天训练10个小时，也需要六天之后呢！鬼算王国三天就打过来了。看来，我是看不到五个连共同训练了。”

铁塔营长说：“现在大刀连正在训练，王子不妨先看看大刀连？”

“好！”爱数王子、杜鲁克随铁塔营长去看大刀连的训练。他们老远就听到从大刀连的训练场传出阵阵的呐喊声：“冲——冲——”

连长对战士们说：“使用大刀要记住三句口诀，那就是：出手快，用力稳，目标准！大家注意啦，听我的口令！”

连长喊：“出手快！”

战士们把刀放平，呼的一声向高处横扫过去。

连长又喊道：“用力稳！”

战士们把刀转了180度，在空中呼的一声又反向扫了一刀。

连长接着喊：“目标准！”

战士们假想瞄准对方武器，一举夺下。

连长加快了速度：“出手快，用力稳，目标

准……”

战士们挥刀整齐划一，上下飞舞，刀光闪闪，煞是壮观！

“好！”杜鲁克看到好处，又叫好又拍手。

爱数王子也满意地点点头：“嗯，不错！我们还能够看哪个连队训练？”

“可以看弓箭连，他们正在训练。”铁塔营长说完，带着大家去弓箭连。

招募新兵

还没到弓箭连，就听到前面人声鼎沸，喊叫声乱成一片。

爱数王子眉头紧皱："前面出什么事啦？大战将至，怎么还这么乱呢？"

铁塔营长赶紧向前跑去，不一会儿他满头大汗地跑了回来："报告王子，许多爱数王国的公民要求参加弓箭连，要为保卫祖国尽一份力。弓箭连连长正在测试他们的水平呢。"

王子问："好哇！不过，他们测试的结果怎么样？"

"报告！"这时弓箭连连长跑过来报告，"参加测试的不超过30人，规定每人射4箭。结果是，有$\frac{1}{3}$的人有1箭没有射中，$\frac{1}{4}$的人有2箭没有射中，$\frac{1}{6}$的人有

3箭没有射中，$\frac{1}{8}$的人连1箭也没有射中。我想录取4箭全部射中的人，可是大家嚷嚷半天，也没算清楚这4箭全部射中的究竟有几个人。”

爱数王子叫道：“参谋长。”

没人答应。

爱数王子提高了声调，喊道：“参谋长！”

还是没人答应。

王子急了：“杜鲁克！我叫你呢，你怎么不答应？”

直到这时，杜鲁克才反应过来是叫他呢！他都忘了自己是爱数王国的参谋长了。

爱数王子小声对杜鲁克说：“我叫你，你怎么不答应啊？平时我叫你杜鲁克，在外面我要叫你参谋长！”

杜鲁克点点头，嘟囔：“我不习惯别人叫我参谋长，还不如叫我数学小子呢！”

爱数王子不理他，继续说：“请参谋长给算一下，4箭全部射中的究竟有几个人？”

“好的。”既然当了参谋长，就要履行参谋长的职责，杜鲁克说，“由于参加测试的结果出现总人数的

$\frac{1}{3}$，$\frac{1}{4}$，$\frac{1}{6}$，$\frac{1}{8}$，说明这个总人数可以被3，4，6，8整除。”

“对！”弓箭连连长马上肯定。

“这个总人数一定是3，4，6，8的公倍数。我们不妨先求它们的最小公倍数。”

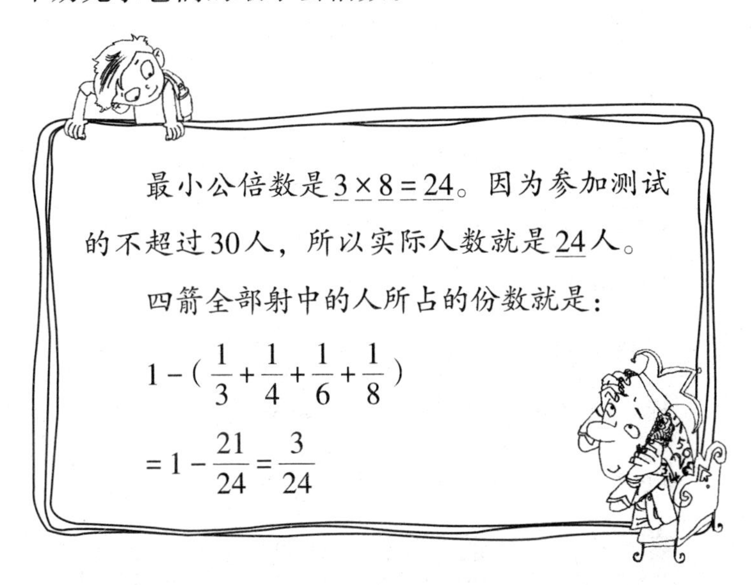

最小公倍数是3×8＝24。因为参加测试的不超过30人，所以实际人数就是24人。

四箭全部射中的人所占的份数就是：

$$1-\left(\frac{1}{3}+\frac{1}{4}+\frac{1}{6}+\frac{1}{8}\right)$$

$$=1-\frac{21}{24}=\frac{3}{24}$$

“算出来了，只有3人4箭全部射中。”杜鲁克摇摇头，“怎么才这几个人呢？少了点儿！”

爱数王子也有同感：“确实是少了点儿！参谋长，我命你去调查一下，为什么那么多人都射不中？特别是连一箭都射不中的人，看看是什么原因。”

“得令！”杜鲁克学着其他军官的样子，两只脚的脚后跟往一起一碰，行了一个军礼，立刻和弓箭连连长一起跑了过去。

杜鲁克对连长说：“咱们先去调查一下有人连一箭都射不中的原因。”

“是，参谋长！”连长向杜鲁克行了一个军礼，由于杜鲁克事先没有准备，连长的敬礼把他吓了一跳。

连长很快带来一个人：“报告参谋长，此人叫高不正，他一箭也没射中。”

高不正长得细高挑儿，没有什么特别的地方，只是走路总走斜。

杜鲁克吩咐连长：“你再给他4支箭试试。”

“是！”连长很快把弓箭交到了高不正的手里。

高不正拈弓搭箭，非常认真地瞄准靶子，瞄了好半天，才嗖的一声把箭射了出去。只见箭歪向左边，离靶子有1米多远时，砰的一声钉在了一棵树上。

“太可气啦！”杜鲁克气得跳了起来，“高不正，你距离靶子也就是10米，你怎么能射偏1米多呢？太过分啦！再射！”

“是！参谋长。”高不正嗖嗖嗖又连射3箭，结果是一箭比一箭歪得邪乎，最后一箭差点射中看热闹的观众。

“哇！高不正，你太伟大啦！你射出的箭能不能歪到后面去呀？”

高不正一本正经地回答：“报告参谋长，我没试验过！再说了，开弓没有回头箭，我估计也不大可能，否则，我早就把自己射中啦！”

“真奇怪，哪里出了问题呢？”杜鲁克跑到高不正的跟前，仔细观察他的眼睛。突然，他一拍大腿：“咳！我明白了，原来是你眼睛的问题。”

“我生下来眼睛就有点儿斜，所以我爸妈给我起名叫高不正。”

“射不准，不赖你。”杜鲁克说，“不过你生理有欠缺就不要报名参军了，如果你参加了大刀连，一刀挥下去还不知道伤到谁呢！打完仗，去治一治眼睛，我想是能够治好的。治好以后，把名字也改了，不叫高不正，叫高正正！”

“是！谢谢参谋长！”高不正歪歪斜斜地走了。

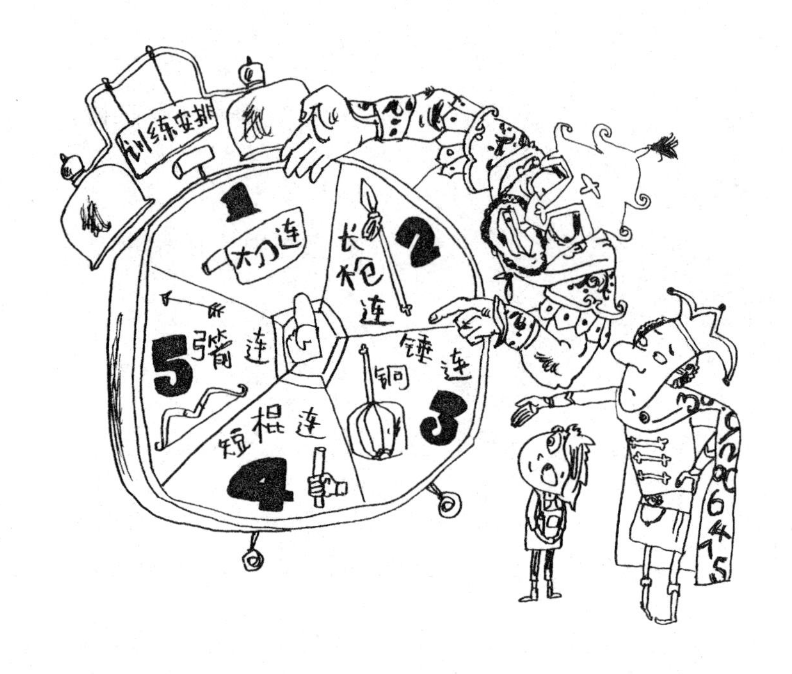

有$\frac{1}{8}$的人一箭也没有射中，总人数是24人，就是3人。杜鲁克把剩下的两个人也都检查了一遍，然后回去向爱数王子汇报。

“报告王子，三个一箭也没有射中的人，我都做了检查。”

“参谋长，检查结果是什么？”

“他们的眼睛都有问题，一个是白内障，一个是青光眼，一个是斜视。”

爱数王子回头叫道："铁塔营长！"

铁塔营长立刻站出来："到！"

爱数王子语重心长地说："这三个有眼疾的公民，都有一颗爱国之心，我们不能不管他们。我命你带他们去找最好的医生治病，费用由国家出。"

"是！"铁塔营长遵命去办。

王子对杜鲁克说："参谋长，咱们去看看五八司令如何操练队伍。"

"好！"两人直奔演兵场走去。

演兵场上的怪事

还没走到演兵场，老远就听到五八司令在喊叫：“你们要服从命令听指挥。下面我们要操练‘列队冲锋’，全体士兵要排列出一个冲锋方阵。每排站10个士兵，开始站队！”

杜鲁克一看，嘿！演兵场上的士兵还真不少，有好几千人。士兵虽多，但多而不乱，士兵按每排站10人迅速站好。

一名胖胖的团长跑来报告：“报告司令官，队伍已按您的要求站好，只是……”

五八司令说：“只是什么，快说！”

“只是排到最后一排时，少了1名士兵。”

“缺少1名士兵？这怎么行？既然是冲锋方阵，缺了一个角就不方了，这不行！”五八司令想了一下说，“既然每排站10名士兵最后差了一个，咱们就调

整一下，改为每排站9名士兵！”

“是！”胖团长行个军礼，转身跑步离去。

胖团长跑到队伍前面，大声喊道：“全体士兵听我的口令：第一排最后1名士兵退到第二排去，第二排的最后2名士兵退到第三排去，第三排的最后3名士兵退到第四排去……以此类推，开始行动！”

胖团长一声令下，士兵马上按要求重排队形。由于士兵平时训练有素，所以很快又按每排9名士兵重新把队伍排好了。

胖团长到最后一排看了看，马上跑到五八司令跟前："报告司令，队伍已按您的要求排好！"

五八司令问："最后一排不缺人了吧？"

胖团长报告："还是少1名士兵！"

"啊？"五八司令有点儿发怒，真奇怪了！我就不服这口气，改成每排8名士兵！"

不一会儿，胖团长又跑了回来，他喘了一口气："报告！每排站8名士兵，最后一排还是少1名士兵。"

"哇！"五八司令跳起来了，他又把每排站的士兵数依次调为7人、6人、5人、4人、3人。胖团长每次回来报告，都是同一句话："最后一排还是少1名士兵。"

五八司令摘下军帽，下令道："每排站2名士兵，总该成了吧？快去排！"

"是！"胖团长抹了一把脸上的汗水，转身就跑。

不一会儿，胖团长气喘吁吁地跑了回来，他先甩了一把鼻涕，然后报告说："报告司令，最后一排还是少1名士兵！"

"天哪！"五八司令大叫一声，咕咚倒在了地上。

爱数王子赶紧跑到他身边："司令，怎么啦？要不要紧？"

五八司令扭头一看，是爱数王子，赶紧爬起来行了一个军礼，口中高喊："敬礼！"然后把军帽重新戴好。他对王子说："每排从站10人到站2人，我都试验过了，结果最后总是差1人！我是排不出'冲锋方阵'了！"

"真是怪了，"王子一回头，"参谋长，你说这是怎么回事？"

五八司令也着急："你说这事可怎么办哪？"

杜鲁克问："司令，这演兵场上有多少士兵？"

"嗯——有5000多人，不到6000人。"五八司令不好意思地说，"准确数字，我也说不好。不行，我找人去数一数？"

"不用了！"杜鲁克说，"我先把准确人数给你算出来吧！"

"算出来？这怎么可能啊？"五八司令不相信。

杜鲁克问："司令，如果我给你补充上1名士兵的话，你每次排队，最后一排还是少1名士兵吗？"

“既然补上了1名士兵，当然不少啦！”

“好！”杜鲁克说，“假如我已经给你补上了1名士兵，你就可以排出从10人一排到2人一排，所有形式的‘冲锋方阵’来。”

五八司令点点头：“那绝对没问题！”

“我先求10，9，8……2这9个数的最小公倍数，应该是：

$$2 \times 2 \times 2 \times 3 \times 3 \times 5 \times 7 = 2520$$

又因为你操练的士兵数多于5000，所以士兵人数应该是2520×2=5040人，可是我借给你1名士兵，你应当还我，你场上实际人数是5039人。”杜鲁克一口气把人数算了出来。

“好！”爱数王子大声叫好，“我们有这样的参谋长，保证每战必胜！五八司令，我再给你1名士兵，你就可以任意排‘冲锋方阵’啦！”

五八司令赶紧敬礼：“谢谢王子！”

时间已到中午，士兵该吃午饭了。这时来了一辆马车，从车上卸下六个木箱，箱子上分别写着数字44，48，50，52，57，64。

五八司令问车夫："箱子里装的是什么?"

车夫回答："是煮熟的鸡蛋和鸭蛋，给战士们的午饭加点儿营养。"

五八司令又问："哪箱是鸡蛋，哪箱是鸭蛋呢?"

"这个——"车夫卡壳了，他想了一下说，"厨师只告诉我，鸡蛋的个数是鸭蛋的2倍。"

这时演兵场上，被五八司令折腾得晕头转向的士兵早已饥肠辘辘，他们听说来了鸡蛋和鸭蛋，就呼啦一下围了上来。

有的士兵喊着："我要吃鸡蛋!"

有的士兵喊着："我要吃鸭蛋!"

"别喊了!"五八司令发火了，"想吃鸡蛋的，在我左边排成一排；想吃鸭蛋的，在我右边排成一排，不许乱抢!"

士兵们见司令发火了，立刻安静下来，乖乖地排成两排。

司令消了点儿气："再说了，这六个箱子里，哪箱装的鸡蛋，哪箱装的鸭蛋也还不知道，怎么分法？”

一个排在最前面的士兵建议：“这还不容易？把六个箱子都打开，不就都清楚了吗？”

“这主意还用你出？箱子打开了，大家一哄而上，一通乱抢，你负责？”五八司令一指这名士兵，“你乱出主意，罚你到队伍的最后去排队！”

这名士兵十分不情愿地到队伍最后去了。

爱数王子知道，这个问题五八司令是解决不了的，就对杜鲁克说：“这个鸡蛋和鸭蛋问题，能解决吗？”

“可以。”杜鲁克十分有把握，“由于鸡蛋的个数是鸭蛋的2倍，所以鸭蛋的个数应该是总数的$\frac{1}{3}$。”

“对呀！”五八司令突然明白了，“我先求出鸡蛋和鸭蛋的总数

$$44+48+50+52+57+64=315\text{（个）}$$

可是往下怎么做，我就不会了。”

杜鲁克竖起大拇指，说：“很好！求出鸭蛋的数

目。做个除法：

$$315 \div 3 = 105（个）$$

你看一下箱子上写的数目，看看哪两个箱子上的数目之和，恰好等于这个数。”

五八司令立刻说：“这活儿我会做，你交给我吧！44加48，少了，不成！50加52，少了，还不成！57加64，又多了，也不成！”

五八司令费了半天劲儿，最终算了出来：“哈哈！终于叫我找到了，是48和57，也只有这两箱的数目相加得105，别的都不行！”

杜鲁克在一旁鼓掌：“司令算得好！”

五八司令吩咐，让吃鸭蛋的士兵把写有48和57的两个箱子抬走，其余四个箱子让吃鸡蛋的士兵抬走。

大家刚想离开，突然有人“哇——”的一声大哭起来，再一看，原来是刚才从排头罚到排尾的那名士兵，他十分委屈地说：“本来我排在头一个，我肯定可以领到鸭蛋。只因为多说了一句话，司令就把我调到了最后一个，结果鸭蛋分完了，我没吃着。哇——”

杜鲁克见状，走到分鸡蛋的队伍前，从箱子里随手拿了一个鸡蛋，他把鸡蛋给了这名大哭的士兵：“鸭蛋分完了，给你一个鸡蛋，别哭了！”

这名士兵看见了鸡蛋，立刻破涕为笑：“嘿嘿，谢谢参谋长！”

五八司令恨铁不成钢地说：“唉！为了一个鸭蛋，大哭一场，真没出息！”

爱数王子走到这名士兵面前问：“今年多大啦？”

“报告王子，我今年11岁！”

“11岁怎么就当兵了？”

“我是替我哥哥来的，我哥哥一会儿就到。”

爱数王子点点头：“这就对了，我觉得我也没有这样又贪吃又爱哭的士兵。”王子又从口袋里掏出一张纸递给了他，“擦擦鼻涕。想当兵，就不许哭！”

突然，一匹快马风驰电掣般来到爱数王子的跟前，马还没有停稳，就从马上跳下了一名侦察兵，他先向王子行了一个军礼，接着报告说："城外发现大批鬼算王国的士兵，他们在鬼算国王指挥下，已排好进攻队形，即将发动进攻！"

"嗯？"爱数王子愣了一下，接着对侦察兵说，"再探！"

"是！"侦察兵上马，飞一样地跑了。

爱数王子皱着眉头说："鬼算国王说三天后再来进攻，怎么今天就兵临城下了？"

五八司令说："鬼算国王从来说话就不算数。王子，咱们赶紧商量如何迎敌吧！"

"对！"爱数王子立刻下令，"通知七八大臣、胖团长、铁塔营长到城楼上观察敌情，商量对策。"

"是！"

数字口令

爱数王子率领文武大臣登上城楼。大家往城下一看，只见城下战旗飞舞，喊声震天，战鼓咚咚，军号阵阵，战争一触即发。

在鬼算王国部队的正中间，摆出了一个八层空心方阵，阵中心搭了一个高台，上插着一面黑色大旗，上面写着两个白色大字“鬼算”，大旗旁边放着一把高背虎头椅，鬼算国王手拿武器端坐在椅子上。

看了鬼算王国的阵势，五八司令首先说：“鬼算国王来势汹汹，我们必须先知道他有多少兵将，具体布的是什么阵，何时发起进攻，做到知己知彼，才好迎敌。”

爱数王子点点头。

七八大臣说：“大战在即，我军要有统一的口令，以防鬼算国王派来特务或间谍。”

爱数王子又点点头："你说用什么口令好？"

七八大臣想了一下说："问'爱数'，答'必胜'。"

五八司令连连摇头："这太简单，太老掉牙了。"

七八大臣兴奋地说："我有个好的！问'鬼算'，答'必败'。怎么样？"

胖团长说："不好，不好！别说是诡计多端的鬼算国王了，3岁小孩都能猜出来。"

七八大臣不说话了。

爱数王子说："口令一般都是对话，我想如果用数字来当口令，敌人一定猜不出。"

铁塔营长高兴地说："好主意！可是用什么数字呢？我们的参谋长是数学高手，还是让参谋长给想一个吧！"

"好！"大家齐声呼应。

杜鲁克一看，自己推辞不了啦，于是说："我说一个试试，问'220'，答'284'。"

大家还等着他往下说，杜鲁克却冲大家一笑："说完了。"

"完了?"七八大臣问,"这是什么意思?"

杜鲁克解释说:"意思嘛,220和284在数学上是一对'相亲数'。"

"数还能相亲?真新鲜啦!有没有'结婚数'哇?哈哈——"杜鲁克说的"相亲数"引起大家一阵哄笑。

杜鲁克一本正经地回答:"有'结婚数',5就是'结婚数'。"

胖团长一看机会来了,他眨巴着两只小眼睛问:"参谋长,还有'烧饼数'吗?"胖团长的发问,又引起一阵哄笑。

“不要笑了！”爱数王子发火了，“你们对数学所知甚少，数学上的‘相亲数’连听都没听说过，不知道的就应该好好学，起什么哄？”

大家立刻收敛了笑容，个个低头不语。

爱数王子见状气也消了些：“下面请参谋长给大家讲讲‘相亲数’的来历。”

“我也是从书上看到的。”杜鲁克说，“2000多年前，古希腊有位大数学家叫毕达哥拉斯。他特别喜欢数学，把数也像人一样看待。他常和朋友讲，‘谁是我的朋友，就会像220和284那样’。”

“道理是什么？”五八司令喜欢刨根问底。

“220除了本身以外，还有11个因数，它们是1，2，4，5，10，11，20，22，44，55，110。谁把这11个数加起来？”

“我来！”胖团长刚才受到了批评，这次自告奋勇做加法，想以此得到王子的谅解。他写出一个算式：

$$1+2+4+5+10+11+20+22+44+55+110=284$$

“嘿！正好等于284！”胖团长挺高兴。

杜鲁克又说：“284除了本身以外，还有5个因数，它们是1，2，4，71，142。这5个因数相加，恰好等于220！”

“妙！妙！妙！”五八司令一连说了三个“妙”。

七八大臣开玩笑：“你要再多说几个‘妙’，就快成猫叫了。”

杜鲁克说：“220和284这两个数是你中有我，我中有你，相亲相爱，形影不离！”

“好！就是这一对‘相亲数’啦！”爱数王子拍板儿，把数字口令定了下来。

爱刨根问底的五八司令小声问杜鲁克：“你能给大家讲讲，5为什么是‘结婚数’吗？”

“好的！毕达哥拉斯把除了1以外的奇数叫作‘男人数’，把不是0的偶数叫作‘女人数’。这样第一个‘男人数’是3，第一个‘女人数’是2，而2+3=5表示男女相加，结婚了，所以叫作‘结婚数’。”

五八司令大呼：“高！高！实在是高！我可太长

学问啦！”

见杜鲁克说完了，爱数王子立刻开始部署：“我们应该派一个侦察小分队，到敌军阵地侦察一下。”

五八司令说：“如果能捉到一个‘舌头’更好！”

“什么？舌头？舌头怎么捉呀？”杜鲁克有点儿怀疑。

胖团长解释说：“这里说的不是嘴里长的舌头，而是指敌军的军官或士兵，从他那儿可以了解敌人的很多信息。”

“噢，是这么回事。”杜鲁克不经意地向城下看了一眼，突然很紧张地对爱数王子说，“王子你快看！那两个往城里走的士兵，好像是鬼算王国的不怕鬼和鬼都怕！”

“在哪儿？”爱数王子往城下一看，见两名爱数王国士兵打扮的人正往城里走。王子想起来了，在归国的路上，曾在藏白马和弓箭的山洞中见过他们。

“好！送上门儿来了！”爱数王子命令铁塔营长，“立即去把那两名要进城的士兵抓来！”

“是！”铁塔营长带领几名士兵跑了下去。

不怕鬼和鬼都怕是奉鬼算国王的命令化装侦察来

了。他俩假扮成爱数王国的士兵，想混进城里刺探爱数王国的军事情报，包括士兵数量、军队部署、武器配备等。

不怕鬼和鬼都怕刚走到城门口，铁塔营长带着士兵迎了出来。

铁塔营长一伸手，拦住两人的去路。铁塔营长说："口令！220!"

"220?"鬼都怕一摸脑袋，心想我多加30吧！他回答："250!"

铁塔营长一招手："来人！将这两个二百五抓起来!"

不怕鬼一翻白眼："哇！坏就坏在这二百五上了!"

铁塔营长押着两个人来见爱数王子。王子一见，调侃说："嘿，这不是老朋友吗？一位是鬼都怕，一位是不怕鬼。对吧?"

鬼都怕摇摇头说："我说爱数王子，你们这是什么口令啊？220是什么意思？我从没听说过。"

王子笑笑说："口令是军事机密，我不能告诉你。

但是你必须告诉我，鬼算国王在城下摆出的八层空心方阵是什么意思？这个方阵共由多少士兵组成？”

鬼都怕哼哼一笑：“这是高度机密，我不能说。”

王子一拍桌子：“你不说也行，来人！把他俩关起来，三天不给饭吃！”

鬼都怕是天不怕地不怕，就怕挨饿。他听说要三天不给饭吃，立刻着了急。他说：“别，别，你们打我骂我都行，别饿着我呀！别说饿三天，饿一天也不行啊！”

铁塔营长在一旁大声说：“怕饿就说实话！”

鬼都怕点点头：“我说，我说，八层空心方阵是鬼算国王的中心方阵，士兵都是精锐的皇家近卫团士兵。鬼算国王坐在方阵中心的高台上指挥战斗，中心是空的，是为了视野开阔，不受阻挡。”

王子问：“人数呢？”

鬼都怕摇摇头：“人数我可真不知道，只有一次听鬼算国王说过，要想把方阵的中心填满，还需要121名士兵。”

铁塔营长把眼一瞪：“谁问你填满中心需要多少

士兵了？问你整个方阵有多少人！”

“你别跟我来横的！”鬼都怕大声说，“我叫鬼都怕，连恶鬼都怕我，我能怕你吗？我就知道这么些，爱怎么着就怎么着，你看着办吧！”

爱数王子一看鬼都怕犯倔了，赶紧出来打圆场：“可能鬼都怕一时想不起来了，先把他俩押下去，等他俩想起来再说。”

鬼都怕忙问：“给饭吃吗？”

“给，给，哪能不给饭吃呢。”王子给了他一个肯定的答复。

神兵天降

等鬼都怕和不怕鬼走远，爱数王子问杜鲁克："参谋长，空心方阵的人数能不能算出来呀?"

"当然可以。"杜鲁克说，"空心方阵是个正方形，而正方形的面积=边长×边长。121人要排成一个正方形，边长就是11，因为11×11=121。"

"没错!"五八司令听得明白。

"下面是关键一步!"杜鲁克说到这儿，大家都把脖子抻长，嘴巴张大，"正方形中相邻两层所差的士兵数是2。"

七八大臣在地上画了一个草图，他指着图说："一头儿多出一名士兵，合起来正好是2个，对，没错!"

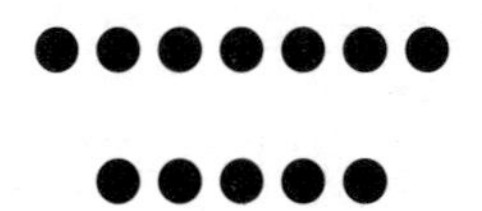

杜鲁克继续说："空心方阵最外面的正方形，它的一条边上的士兵数应该是：

$$11 + 2 \times 8 = 27\text{（人）}$$

这里的2就是相邻两层外面比里面多的人数，而8则是层数。"

在场的人都低着头在计算，抬起头的是算完了的，他们点了点头，表示明白了。

杜鲁克等大家都抬起了头，又接着往下说："这样一来，我们就可以算出空心方阵的士兵数了。"

杜鲁克的解题过程：

空心方阵士兵数

=整个方阵的士兵数－空心部分的士兵数

$= 27 \times 27 - 11 \times 11$

$= 608$（人）

杜鲁克一口气算完了。

“好！”铁塔营长带头叫好，“咱们有这样厉害的参谋长，怎么能不打胜仗呢？王子，这仗怎么打？”

爱数王子招招手，让大家聚拢过来，然后小声说：“这次攻击由胖团长和铁塔营长共同完成，你们这样……”

大家听完以后，同时竖起大拇指：“王子的主意高，实在是高！”

胖团长和铁塔营长匆匆离开，去做战斗准备。爱数王子带领其他官员在城楼上等待着进攻的开始。

这时铁塔营长带领一队士兵登上了城楼。每名士兵都穿着黑色的紧身衣裤，包着红头巾，胸前写着三个白色数字“220”，后背斜插着武器，手里拿着一根长长的竹竿。

“拿竹竿干什么？又不比赛撑竿跳！”杜鲁克没看明白。

杜鲁克正琢磨的时候，忽听“咚咚咚”三声炮响，爱数王国的城门忽然大开。“冲啊！”胖团长率领一队人马直奔空心方阵冲去。队伍的前面是一面红旗，旗上写着两个大字“爱数”，而每名士兵穿的是红衣红裤，胸前写着三个黄色数字“284”，显然这是城上那支黑衣部队的友军。只见红旗一摇，这队人马很快就一分为四，从四个方向由外向里攻击空心方阵。

与此同时，铁塔营长大喊了一声：“走！”城上的士兵，个个来了个“撑竿跳”，借助竹竿，从城楼上飞了出去。这些士兵真是好武艺，个个都落到了方阵的空心部分，他们在铁塔营长的指挥下，抽出背上的武器，由里向外进行攻击，而铁塔营长挥舞长矛，直奔鬼算国王冲去。

爱数王子这一招，可把鬼算王国的士兵吓坏了，他们大喊：“神兵天降！神兵天降！”

他们乱了阵脚，胡乱进行抵抗。

鬼算国王看铁塔营长提着武器冲他跑来，赶紧拔出腰间的剑迎了上去。仇人见面分外眼红，两人也不搭话，上来就战，短兵相接叮当乱响。铁塔营长武艺高强，步步紧逼。鬼算国王也不含糊，剑舞动起来呼呼作响，滴水不漏，把周围的士兵都看傻了。

鬼算国王一看自己的部队被人家冲乱了，立刻着了慌。他一边和铁塔营长进行殊死搏斗，一边还要指挥自己的部队。他大声喊道："全体鬼算王国的士兵听我的命令：最外面的四层士兵，要全力抵抗从外往里攻的红衣部队；最里面的四层士兵要向里收缩，消灭空降下来的黑衣部队！"

鬼算国王的话还真管用，士兵们开始按他的命令执行。最外面的四层士兵拼死抵抗胖团长的进攻，使得胖团长的部队每前进一步都很困难；最里面的四层士兵有240人，铁塔营长带的空降部队只有100多人，双方实力相差悬殊。一名爱数王国的士兵往往要和两三个鬼算王国的士兵作战，渐渐有些体力不支。

城楼上的爱数王子看得清楚，他立刻一挥手，大喊一声："第二梯队上！"这时又有一队士兵利用竹竿从城上跳了下去，也准确地落到了中心位置。铁塔营长一看援兵已到，大声喊道："弟兄们，第二批援兵已到，接下来我们还有第三批、第四批援兵，胜利在望，冲啊！"

爱数王国的士兵听铁塔营长这么一喊，立刻信心倍增，齐声呐喊："消灭鬼算国王，冲啊！"

兵不厌诈，鬼算王国的士兵听了喊话却蒙了，不知从空中还会降下多少对方的士兵。趁这个机会，铁塔营长又大喊："鬼算王国的士兵听着：鬼算国王命令你们马上撤退，快跑哇！"

本来鬼算王国的士兵已心无斗志，听铁塔营长这么一喊，也不管真假了，立刻乱了套，士兵们争相逃命，空心方阵大乱。

再看鬼算国王，他已经被几名爱数王国的士兵围住，一个斗几个，身上已经有几处负伤，如果再打一会儿，鬼算国王就要被俘。正当这关键时刻，阵外突然一阵大乱，冲来一队人马，领头的是鬼算王子，他带队左冲右突，辟开一条路，总算把鬼算国王救了出去。

这一仗，爱数王国大胜！

王宫里的智斗

打退了鬼算国王的进攻，爱数王子十分高兴，大家返回王宫，正准备商量下一步的战术，突然士兵来报："报告王子，鬼算王国派遣人来，要向王子递交国书。"

爱数王子听了一惊，莫非鬼算国王又来下战书？王子下令："请！"

不一会儿，士兵带来两个人，一个矮矮胖胖，另一个高高瘦瘦。两人进了王宫，先向爱数王子行参拜礼。

矮矮胖胖的人说："尊敬的爱数王子，我是鬼算王国的外交大臣，叫作鬼算计。奉鬼算国王的命令，前来拜见爱数王子。刚才一场战斗中，我们的鬼算国王发现贵军的胖团长和铁塔营长二位将军身先士卒，英勇善战，对此赞赏有加，特地准备了一份贵重的礼物，让我们俩专程送给二位将军，请笑纳。"

爱数王子一挥手："谢谢鬼算国王，礼物我们收下。"

"慢！"高高瘦瘦的大臣站了出来，"来之前鬼算国王特地嘱咐我俩，胖团长和铁塔营长的勇敢已经领教，但是智慧如何还需要考察。因为一位出色的将军，既要勇敢，还要有智慧，这才是智勇双全。"

爱数王子问："你叫什么名字？"

高高瘦瘦的官员赶紧鞠躬："对不起，我只顾传达鬼算国王的口谕，忘了自报家门。我是鬼算王国的军机大臣，叫鬼主意。"

杜鲁克小声对七八大臣说："鬼算王国的人，名字也非常奇怪，什么不怕鬼、鬼不怕、鬼都怕，这又来了鬼算计和鬼主意。"

七八大臣微笑着点点头："这是鬼算王国的特点。"

"哈哈——"杜鲁克憋不住笑出了声。

杜鲁克这一笑，王宫里的众官员唰地把目光都投到他的身上，杜鲁克赶紧把头低下，恨不得钻到桌子底下。

"嗯，嗯。"爱数王子轻轻地咳嗽了两声，转移一下目标，然后说，“我就知道鬼算国王的礼物不会那么好拿！二位大臣准备如何测试？”

军机大臣鬼主意拿出一金一银两个盒子，又打开一个口袋，里面装着30颗又圆又大的珍珠。这么大的珍珠，堪称稀世珍宝。

外交大臣鬼算计像变魔术一样，从口袋里抽出一条黑绸子。他举着黑绸子说：“我用这条黑绸子把一位将军的眼睛蒙上，然后我把珍珠往金、银两个盒子里放。往银盒子里放，每次只能放1颗；往金盒子里放，每次放2颗。不许不放也不许多放。”

铁塔营长摇摇头：“还挺麻烦！往下怎么办？”

鬼算计接着说：“每放一次，军机大臣就拍一下手。珍珠全部放完后，蒙眼的将军要根据听到的拍手次数，在30秒内说出金盒子、银盒子里各有几颗珍珠。”

鬼主意举了举手中的珍珠：“哪位将军说对了，就把这些珍珠作为礼物送给他！二位将军，哪位先来？”

胖团长和铁塔营长互相看了一眼，铁塔营长说：“我先来！”

鬼算计马上给铁塔营长蒙上眼睛。蒙好之后，鬼

算计开始分别往金、银盒子里放珍珠，每放一次，鬼主意就拍一下手。

铁塔营长一共听到了19次拍手，他自言自语："关键是要找到两个数，使这两个数之和等于19，其中一个数乘2，另一个数乘1，然后相加正好等于30。这两个数是几呢？"铁塔营长算到这儿停住了。

过了一会儿，铁塔营长还是没有算出来。这时鬼算计一举手，说："30秒时间到，铁塔营长失败！"

鬼算计问胖团长："该你了，你来试试？"

"这个——"胖团长十分犹豫。

杜鲁克站了出来："二位大臣，我试试成吗？"

鬼算计用眼睛上下打量了一下杜鲁克，然后满脸堆笑地问："如果我没猜错，这位小朋友应该是大名鼎鼎的'数学小子'吧？"

爱数王子啪地一拍桌子："哼！鬼算计胆敢无理！在这里没有什么'数学小子'，他是我军的参谋长杜鲁克将军！"

杜鲁克一听，嗯？怎么着，我真升为将军啦？嘿嘿，不错！我可以过过将军瘾了。

鬼主意一看爱数王子发怒了，赶紧站出来说："王子息怒，只怪我们俩有眼不识泰山，这里给参谋长赔罪，请参谋长原谅，大人不计小人过。"说着两人并肩站好，一齐向杜鲁克鞠躬。

"算了。"杜鲁克显得宽宏大量，"你们说，我可不可以猜呀？"

"欢迎，欢迎！请参谋长蒙上眼睛。"鬼算计给杜鲁克蒙上了眼睛。

鬼算计快速地向金、银盒子里放珍珠；鬼主意不断地拍手。杜鲁克心里暗暗记数，鬼主意一共拍手21次。

杜鲁克立刻说出："金盒子里有18颗珍珠，银盒子里有12颗珍珠。对不对？"

打开盒子一数，分毫不差。"好哇！"王宫里响起了掌声和欢呼声。

杜鲁克走上前去，把珍珠都装进口袋里，冲鬼主意和鬼算计点点头："谢谢啦！我就不客气，全收下了！"

"慢！"又是鬼主意站出来阻拦，"不错，参谋长是答对了！但是谁敢保证参谋长不是蒙的呢？参谋长必须说出解答的全过程，才能拿走这些珍珠。"

"好说。"杜鲁克微笑着点点头，"我听到了21次拍手，如果这21次都是往银盒子里放，由于每次只能放1颗，总共只能放进21颗，而实际上你把30颗珍珠都放完了。这样一来，差了9颗。对不对？"

鬼主意连忙点头说："对！"

"这说明这21次中，不都是往银盒子里放的，其中有9次是往金盒子里放的，由于往金盒子里放，每次能放2颗，这样就弥补了刚才所差的9颗。所以往银盒子里只放了12次，有12颗珍珠，而往金盒子里放了9次，有18颗珍珠！”

杜鲁克趴在鬼主意的耳边小声说：“看你学习态度还挺认真，我告诉你一个绝密公式吧！

金盒子里的珍珠数 = (30 − 拍手次数) × 2

银盒子里的珍珠数 = 30 − 金盒子里的珍珠数

不信你算算。”

鬼主意还挺听话，他趴在地上，真的算了起来：

金盒子里的珍珠数 = (30 − 拍手次数) × 2

= (30 − 21) × 2 = 18（颗）

银盒子里的珍珠数 = 30 − 金盒子里的珍珠数

= 30 − 18 = 12（颗）

鬼主意站起来，傻笑着说：“嘿嘿，还真对！”

鬼算计冲爱数王子一抱拳：“王子殿下，30颗珍珠已被参谋长得到，我们俩的使命也已完成。我们即刻要回国向鬼算国王复命，告辞了！”

爱数王子也点头说："后会有期！"

鬼主意和鬼算计转身离开了王宫。

他俩刚一离开，杜鲁克举着一口袋珍珠走到爱数王子面前："这30颗珍珠，我捐给爱数王国用作军费，抗击鬼算王国的侵略！"

现场又一次响起了热烈的掌声，赞扬杜鲁克无私的精神。

七八大臣说："参谋长献珍珠，真是可敬可佩。但鬼算国王来献珍珠，这是'黄鼠狼给鸡拜年，没安好心'！刚刚打完的这场仗，鬼算王国损兵折将，元气大伤。他现在用的是缓兵之计，我们万万不可放松警惕！"

爱数王子问："鬼算国王的下一招会是什么呢？"

七八大臣趴在爱数王子耳边小声说："他们可能会这样……"

爱数王子点点头。

深夜偷袭

天已经黑了，可是鬼算王国的王宫里却灯火通明，人声嘈杂。

鬼算国王坐在正中的宝座上，他头上、胸部、手臂、大腿都缠着纱布，看来伤得不轻。

一旁的大臣一肚子怨气：“国王，咱们吃了这么大亏，难道就算完了吗？”

鬼算国王啪地一拍桌子吼道：“没完！”

头上缠着纱布的司令站起来问：“真难咽下这口恶气！咱们

为什么还要送珍珠给他们？”

鬼算国王一跺脚：“为了麻痹他们！”

正说着，鬼算计和鬼主意回来了，他俩拜见了鬼算国王。

鬼算国王问：“经过试探，你们觉得胖团长和铁塔营长怎么样？”

鬼算计回答说：“此二人，勇敢有余，智慧不足。国王对此二人不用担心。”

“但是，”鬼主意说，“那个参谋长却是我们的心腹大患。此人虽小小年纪，数学水平却很高，有胆有识，不可小瞧！”

鬼算国王两眼一瞪，目露凶光：“这个娃娃叫杜鲁克，外号‘数学小子’。我已经和他打过多次交道，每次都是我败下阵来。真是让人头疼啊！”

大臣问：“国王有什么好主意？”

鬼算国王紧握双拳恶狠狠地说：“咱们明的不行，就来暗的！”

国王一指他的司令：“快把那两个人叫来！”

不一会儿，司令带来两个人。他俩都穿着黑色夜行衣，后背插着武器，头上戴着黑色头套，只露两只眼睛。两人见到鬼算国王，单腿跪地，齐声说："鬼无影，鬼一刀，拜见国王！"

鬼算国王见到鬼一刀和鬼无影，得意地一阵冷笑："各位看到了没有？这两人是我们的国宝！鬼无影行动起来快如风，身无影，从高处落地就如同飘下的一片树叶。鬼一刀的刀法极为精准，分毫不差。有此二人出手，定能取胜！"

文武百官齐刷刷竖起了大拇指，共同欢呼："国王英明！国王伟大！"

"哈哈——"鬼算国王一阵狂笑，"今天晚上我就派鬼无影和鬼一刀前去爱数王国，行刺爱数王子和数学小子。爱数王国再没有了数学能手，是会不攻自破，哈哈——"说到得意之处，又是一阵狂笑。

大臣考虑问题十分细致，他问："国王，你知道爱数王子和数学小子住在什么地方吗？"

"知道！爱数王国的所有官员都住在王国公寓里，连爱数国王和爱数王子也是如此。"鬼算国王有十分把握。

大臣又问："据我所知，王国公寓非常大，有上千间屋子，他们俩都住在几号房间?"

"马上就能知道。"鬼算国王话声刚落，从外面悄无声息地飞进一只大鸟。大鸟在王宫里转了一圈，稳稳地落在了鬼算国王的肩膀上。

大家定睛一看，原来是只猫头鹰，它嘴里还叼着一个纸卷。

鬼算国王轻轻地拍了拍猫头鹰的脑袋，它一松嘴，纸卷落到鬼算国王的手里，只见上面写着：

王子 + 小子 = 3936

王子 − 小子 = 38

大臣看过之后，连连摇头："这是什么意思呢?"

"这是我安插在爱数王国的一名密探发来的。他告诉我，爱数王子房间号和数学小子房间号之和是3936，而差是38。"鬼算国王说完，把纸卷扔给了鬼无影，"房间号就在这里，你们自己算去吧！记住，今夜1点钟，要准时完成任务！"

鬼无影和鬼一刀齐声回答："是！一定完成任务！请国王放心！"说完一转身，就没影儿了。

外面夜色如漆，伸手不见五指，只见两个人影忽隐忽现，快速向爱数王国奔去。

不大一会儿，他们就来到了王国公寓。

鬼一刀说："喂，鬼无影，咱俩先要把爱数王子和数学小子的房间号算出来！"

鬼无影来到亮一点儿的地方，拿出了纸卷开始计算："这个问题容易，把两个式子相加，有：

$$2\times\text{王子}=3974$$

$$\text{王子}=1987$$

王子住在1987号房间。"

鬼一刀也不甘落后，他说："把两个式子相减，有：

$$2\times\text{小子}=3898$$

$$\text{小子}=1949$$

鬼无影，你去1949号房间逮住数学小子，我去1987号房间逮住爱数王子!”

“好!”鬼无影答应一声就不见了。

鬼无影刚走，鬼一刀就开始寻找1987号房间，没费多大工夫就找到了。他蹲在窗户下面侧耳静听，屋里没有声音。他来到门前，掏出万能钥匙轻轻打开门锁，小心翼翼把门推开。

借助月光，鬼一刀看到房间很大，床上躺着一个人，不用问，准是爱数王子。他迅速抽出绳索，一个箭步蹿到床前，挥绳把人捆住，这时从床上叽里咕噜滚下一个东西。

他一看，啊！是一段大冬瓜。他掀开被子一看，被子下面还是几个冬瓜。

呀！上当啦！鬼一刀刚想离开，突然屋子外面灯火通明，爱数王子带着铁塔营长和众多士兵站在门口。

爱数王子哈哈大笑：“鬼一刀，你捆冬瓜倒是挺准的！深更半夜的，鬼算国王不会是让你到我这儿买冬瓜吧?”

鬼一刀想破窗而逃，铁塔营长早有准备，只见他一个虎跳就扑了上去，紧接着就来了个扫堂腿，把鬼一刀摔了一个狗啃泥。铁塔营长伸出大手像抓小鸡崽一样，一把把鬼一刀提了起来。尽管鬼一刀手脚乱蹬，但也无济于事。

这时远处传来哈哈的笑声，原来是杜鲁克，士兵押着鬼无影正朝这边走来，还离好远，杜鲁克就大声叫道:“王子，我这儿也抓了一个!”

看来，鬼算国王的计划失败了。

微信扫码
数学小故事
思维大闯关
应用题特训
学习小技巧

特殊密码

文武百官聚集在爱数王国的王宫，开始审讯两名刺客。

爱数王子下令："把两名刺客带进来！"

两名士兵押着鬼无影先进来，紧跟着另两名士兵押着鬼一刀也走了进来。

王子开始审讯："通报姓名！"

"鬼无影。"

"鬼一刀。"

"来爱数王国的目的？"

"抓住爱数王子和参谋长杜鲁克。"

"你们是怎么知道我和参谋长的房间号的？"

两人低头不语。

爱数王子提高了说话的声音："我问你们问题，为什么不回答？"

鬼无影突然一抬头，反问："你怎么知道我们俩今夜会来找你们？"

"我来回答你这个问题。"七八大臣说，"我和鬼算国王可以说是老朋友了，我们俩斗了半辈子。你们鬼算国王的脾气秉性，我了解得一清二楚。"

鬼一刀问："你是七八大臣吧？"

"说得对！我就是七八大臣。第一，鬼算国王从来不认输，侵吞我们爱数王国之心不死；第二，鬼算国王善使诡计，窃取情报、以假乱真是他的拿手好戏。"

在场的文武百官频频点头，深有同感。

七八大臣继续说："刚刚打完的这场仗，鬼算国王输了。他绝不会甘心失败，我立刻提醒爱数王子要防止他派人来采取行动。果不其然，鬼算国王就派你们俩来了。由于我们事先有准备，你们是自投罗网。"

啪！爱数王子一拍桌子："你们问的问题，七八大臣已经做了回答。该你们回答我房间号的问题了。"

"这个——"两人欲言又止。

接下来，不管怎么问，两人咬紧牙关，一字不吐。

怎么办？遇到这样的对手，你还真拿他没办法。

杜鲁克突然想起前些时候审问鬼都怕的情景。当时鬼都怕也是什么都不说，可是他天不怕地不怕，就怕挨饿。一说饿他三天，他什么都说了，何不来个照方抓药，也试试他们？

杜鲁克啪的一声，也拍了一下桌子："两个人既然什么都不说，把他俩押下去，七天不给饭吃！"

"是！"士兵答应一声，拉着鬼无影和鬼一刀就往外走。

"别、别，别说饿我们俩七天，饿两天就受不了！我们说。"鬼无影也怕饿，他说，"我们知道爱数王子和参谋长的房间号，是因为你们中间有我们的密探。"

鬼无影此话一出，犹如一石激起千层浪，王宫里立刻炸了锅："我们在座的人当中有鬼算国王的人？"大家你看看我，我看看你，都在互相揣测。

还是七八大臣沉稳老练，他站起来做了个手势，让大家安静。他说："咱们不能上敌人的当，自乱阵脚。我们的人当中有没有密探，是需要调查的。"

鬼无影急了，他激动地说：“我可没骗你们！如果不是你们当中有人透漏消息，我们怎么可能准确找到王子和参谋长的房间？”

七八大臣问：“既然有密探，你说说密探是怎样和你们联系的。”

鬼无影交代说：“是通过猫头鹰联系。密探把情报传给猫头鹰，猫头鹰飞回了鬼算王国的王宫。”

“嗯。”七八大臣低头想了一下，“士兵！先把他俩押下去，好好看管！”

鬼无影一面往外走，一面回头问：“给不给我俩饭吃？”

七八大臣回答：“从明天早饭开始，一天三顿管饱，放心吧！”

看鬼无影和鬼一刀被押了下去，七八大臣宣布：“今天的会到此结束，大家回去休息。”

文武百官都走了，只剩下爱数王子、七八大臣和杜鲁克三个人。

爱数王子问七八大臣：“你看密探这事是真的吗？”

七八大臣十分肯定地说：“绝对是真的！你们俩的房间号都是四位数字，不可能是蒙的。”

“真有密探？那可怎么办？我们应该立刻把密探找出来！”杜鲁克十分紧张。

七八大臣摇摇头：“暂时我也没有什么好办法。”

“我有一个好主意。”杜鲁克说，“密探不是靠猫头鹰来传递情报吗？我们可以这样……”

“好主意！”爱数王子高兴得跳了起来。

七八大臣微笑着点点头：“参谋长果然想法不一般，好！咱们就试试。”

夜深人静，除了哨兵来回走动的脚步声，听不到任何声音。

王宫公寓的一扇窗户被轻轻地推开了，一只大鸟从窗户里飞了出来，一点儿声音也没有。大鸟在窗前稍作盘旋，径直飞向了天空。与此同时，一只更大的鸟飞了过来，往刚打开的窗户里甩进一泡鸟屎，然后快速飞走了。窗户也随即关上了。

在月光下，人们看清了，从窗户里飞出的正是猫头鹰，正往鬼算王国的方向飞去。突然，一只白色大鸟从天而降，一爪抓住了猫头鹰。这只白色大鸟正是白色雄鹰。

白色雄鹰抓住猫头鹰来到了王宫，把猫头鹰轻轻递给了爱数王子。与此同时，黑色雄鹰也飞了进来，两只雄鹰一左一右落在了王子的两肩。

爱数王子从猫头鹰嘴里抽出一张字条，打开，只见上面写着：

5990 7526 0647　　8863 1932 3133

王子说："是一组数字密码！"他把字条翻到背面，看到有一张方格表。

0626 则	5932 彼	7575 棘
880347 攸	1979 衬	5663 俩
3195 提	8833 促	597790 衍

王子拿着这张字条有点儿发愣，心想：这组密码和这张表有什么关系？

杜鲁克站在一旁也认真地看着，不一会儿就发现了其中的奥秘。他指着方格表说："王子你看，表上的绝大多数字，都是由左右两部分组成，每一部分都由两个数字组成，只有'攸''衍'是由左中右三部分组成。"

王子点点头："对！"

杜鲁克又说："而文字的某一部分都和两个数字相对应，比如'俩'字，左边的'口'对应数字'56'，而右边的'两'对应数字'63'。前三组密码和后三组密码中间拉开的空当，表示中间有一个逗号。”

七八大臣微笑着说：“参谋长果然聪明过人，是这么个规律。”

杜鲁克信心倍增：“这样一来，我们就可以根据这张表把密码翻译出来了。5990是由59和90组成，而59在表中对应的是‘彳’，90可以查出是对应‘亍’。”

王子抢着说：“所以，5990就对应‘行’字。”

七八大臣也来了兴趣：“其余的几个字我来翻译！”

王子总结说：“把这六个字连在一起，就是：

‘行刺败，俩被捉。’

这是密探向鬼算国王报告暗杀结果的。”

杜鲁克问：“怎么办？”

王子一咬牙：“先抓出密探！”

智擒密探

爱数王子传令，要求全体大臣马上到王宫开会，有要事相商。

许多大臣刚刚躺下，一听说王子召开紧急会议，赶紧穿好衣服往王宫跑。经过清点，官员全部到齐。

爱数王子十分严肃地说："把各位紧急招来，是因为我们爱数王国发生了大事！"

"大事？"众官员你看看我，我看看你，一头雾水，不知道出了什么大事。

王子说："我们在座的官员中，隐藏着一名鬼算王国的密探！"

王子话刚出口，在场的官员先是目瞪口呆，一片寂静后马上又议论纷纷。

五八司令首先站了起来，问："谁是密探？咱们一定要把这个密探抓出来，严惩不贷！"

“对！一定饶不了他！”大家义愤填膺。

七八大臣站起来摆摆手：“大家安静，安静！要抓密探，先要有证据，要让他心服口服。这个密探是通过猫头鹰来传递情报的。”说着大臣向大家出示了刚刚抓到的猫头鹰。

大臣继续说：“这只猫头鹰是从咱们王国公寓的某一间房子里飞出来的。我现在就把它放了，它必然还要返回原来的房间，飞到哪个房间，说明这个房间的主人必然是密探！”

“好主意！放！放！”众官员异口同声地喊。

大臣一松手，猫头鹰扑棱棱飞了出去。大家也都跟了出去。只见猫头鹰先在空中转了两个圈儿，然后停在了四楼的一个窗台上。

五八司令一指：“那是财政大臣的房间！”

大家齐刷刷把目光投向了财政大臣。

“这是诬陷！”财政大臣倒是沉得住气，他面不改色心不跳，“大家都知道，我和五八司令素来不和，他是想利用这个机会公报私仇！说我是密探，拿出证据来！”

“当然有证据。”七八大臣挥挥手，“大家跟我来！”在场的官员随七八大臣来到了财政大臣的房间。

财政大臣打开了房门，一股臭气从屋里传出。“怎么这么臭哇？”大家纷纷捂住自己的鼻子。

七八大臣很快就找到了黑色雄鹰甩进屋里的那泡屎。七八大臣指着这泡屎问：“财政大臣，这是什么？”

“这——”财政大臣张口结舌。

“你不知道，我来告诉你吧！”杜鲁克解释说，“我们怕你不承认，在你打开窗户放飞猫头鹰的同时，我们让黑色雄鹰甩进了一泡屎。怎么样？没词儿了吧?”

财政大臣立刻低下了头:“我承认，我是密探。”

爱数王子发怒了:“你身为国家重臣，怎么会替鬼算国王卖命!”

“是鬼算国王用50根金条收买了我。我见钱眼开，我有罪，请王子宽恕!”财政大臣说完咕咚一声跪在地上，朝王子一个劲儿地磕头。

“唉!”王子叹了一口气，“看在你是爱数王国老臣的分儿上，给你一次将功折罪的机会。”

“谢王子，只要不杀我，让我干什么都行。”说完，财政大臣磕头如小鸡啄米。

七八大臣从口袋里掏出一张字条，递给了财政大臣:“把这份情报发给鬼算国王。你发不发，怎么发，全看你自己了。”

财政大臣双手接过字条:“我一定发出去，请大臣放心!”

再说鬼算国王坐在自己的王宫，正等着刺杀爱数王子和杜鲁克的好消息。

这时，一只猫头鹰悄无声息地飞了进来，落在了鬼算国王的肩上。鬼算国王熟练地从猫头鹰嘴里取出一张字条。

他打开字条，首先看到了一组密码：

5990 7526 3133 8879 8879 5626

他又翻到背面，看到翻译用的方格表：

0626 则	5932 彼	7575 棘
8844 忙	1979 决	5647 致
3195 妇	7833 抄	597790 衍

鬼算国王翻译得很熟练："行刺妙，快快到。"

鬼算王子高兴地说："他告诉咱们，计划已经成功。趁他们国内混乱，让咱们快快出兵！"

鬼算国王却踱着步，一面嘴里反复念着情报的内容。

"父王，咱们赶紧出兵吧！机不可失，时不再来。"鬼算王子一个劲儿地催促。

鬼算国王可谓老奸巨猾，他既不敢完全相信情报的内容，又怕失去千载难逢的机遇，心里充满了矛盾。

突然鬼算国王停下脚步，命令鬼算王子带领一支侦察小分队，趁着现在夜深人静，先去爱数王国打个前站，探探虚实，随后他再带领大队人马进攻。

“得令！”鬼算王子答应一声，点了几名精兵强将，这当中当然少不了鬼都怕、不怕鬼和鬼不怕三人。

临行时，鬼算国王嘱咐儿子要记住三件事：第一，要落实爱数王子和杜鲁克是否真的死了；第二，爱数王子死后，爱数王国的军队由谁来指挥；第三，一定要和密探即财政大臣取得联系。联系的密码是个四位数，这个数左右对称，四个数字之和等于为首的两个数字所组成的两位数。

一离开王宫，鬼都怕就一脑门子不高兴，他对鬼算王子说：“王子，我说了你可别不高兴。咱们国王真够可以的，前两项任务已经够难的了，还连密码都不告诉咱们，让咱们自己去算。这个问题这么难，咱们能算出来吗？”

鬼算王子笑笑说：“你叫什么名字？鬼都怕！连

鬼都怕你，别说是一道题了！你算算，一定能算出来。”

鬼都怕挠了挠头，果真思索起来：“算这类问题应该从哪儿下手呢？应该从第一个条件‘密码是个四位数，这个数左右对称’入手。”鬼都怕逐渐理清了思路，“可以设这个四位数为$abba$。”

“对！这个四位数应该是这样。”鬼算王子点点头。

鬼都怕继续说：“依题意‘四个数字之和等于为首的两个数字所组成的两位数’可得……”

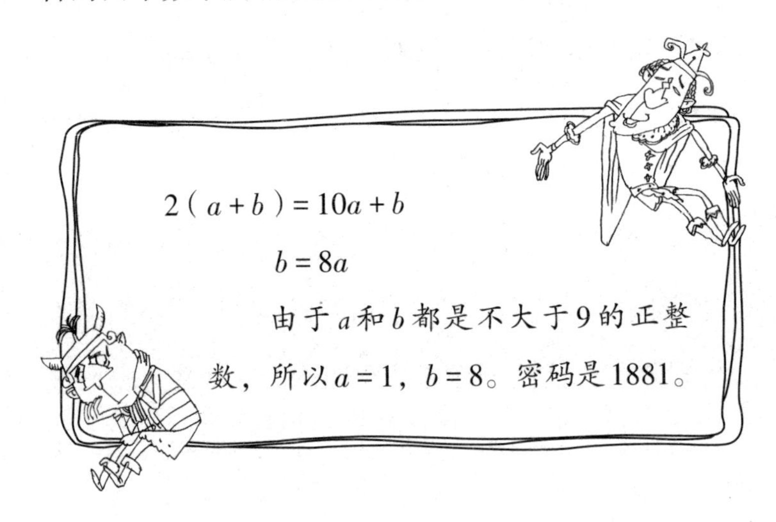

$$2(a+b)=10a+b$$

$$b=8a$$

由于a和b都是不大于9的正整数，所以$a=1$，$b=8$。密码是1881。

鬼算王子清点了一下人数，不超过10个人，为了便于行动，他把侦察小分队又分成三个组，三个组拉开距离往前走。

走在最前面的是鬼都怕和不怕鬼两个人，他们趁爱数王国看守不备偷偷逃回来。他俩是第一小组，两个人都有飞毛腿的功夫，一哈腰就能蹿出去两里地。不一会儿，两人就来到了爱数王国的边界，鬼都怕示意不怕鬼隐藏好，等待人接应。

“呜嗷呜嗷呜嗷！”鬼都怕学了三声猫头鹰叫；“呱呱呱！”对面传来三声癞蛤蟆叫。接着对方问：“密码？”不怕鬼答：“1881。”联系暗号是对的。

鬼都怕和不怕鬼从藏身地走了出来，对面也走来一个人，定睛一看，是爱数王国的财政大臣。

财政大臣冲鬼都怕招招手，小声说：“跟我来！”

鬼都怕和不怕鬼迅速越过国界，消失在黑暗中……

鬼算王子中计

财政大臣带着鬼都怕和不怕鬼，左转一个圈儿，右转一个圈儿，最后在一个山洞前停下了。

财政大臣问：“需要什么情报？”

鬼都怕说：“爱数王子和杜鲁克确实都被杀了？”

“没错！鬼一刀和鬼无影一人杀了一个。”

“怎么没看见鬼一刀和鬼无影呢？”

“他俩在山洞里面等你呢！”

“我要马上见到他俩！”

“跟我走！”财政大臣带头儿进了山洞，鬼都怕和不怕鬼紧跟其后。

山洞里漆黑一片，伸手不见五指。两人跟在财政大臣的后面摸索着往前走，走了一段路，鬼都怕突然觉得脖子上凉飕飕的，回头一看，天哪，一把闪着寒光的大刀压在了自己的脖子上。

鬼都怕刚想喊，忽然周围亮起了火把，只见铁塔营长使劲压住他的胳膊。他溜眼一看，不怕鬼也被控制住了。

“这是怎么回事?”鬼都怕问财政大臣。

财政大臣低头不语。

铁塔营长说：“我来告诉你吧！财政大臣通敌叛国，被我们发现了。你们派来的杀手鬼一刀和鬼无影也被我们活捉了，我们布好了陷阱，专等你们上钩!”

“啊!”听完铁塔营长的一番话，鬼都怕惊得张着大嘴，一句话也说不出来。

铁塔营长问：“你们是否来了一个侦察小分队?”

由于刀架在脖子上，鬼都怕不敢不老实回答：“对。”

“侦察小分队由谁带队？一共有多少人？分几批越过边境?”

“侦察小分队由鬼算王子亲自带队，分三批越过国境。我和不怕鬼是第一批，人数最少，其余两批的具体人数我不知道。”

“你真的不知道?”铁塔营长又加把力压住他的胳膊。

“我说，我说。”鬼都怕知道铁塔营长如果再往下按一下，自己的胳膊就要断了，“鬼算王子对我们说过，这三批队伍每一批的人数都不相同，但是这三批人数相乘，恰好等于2月份的某一天。”

“这——”铁塔营长知道自己是算不出这个问题的答案的。他叫来士兵，对他耳语了几句。

士兵答应一声：“是！”转身跑出山洞。

杜鲁克、爱数王子、七八大臣和胖团长都在山洞外面。士兵把鬼算王子出的题说了一遍。

爱数王子摇摇头：“鬼算王子出的这个题，有难度哇！”

“有难度好哇！可以锻炼我们的脑子。”杜鲁克还是笑嘻嘻的，“鬼算王子说，这三批中每一批的人数都不相同。鬼都怕又说他和不怕鬼是第一批，人数最少，只有两个。这三批人数相乘，恰好等于2月份的某一天。我先找三个最小的数2，3，4试试。”

做乘法胖团长可是把好手，他说：“$2\times3\times4=24$，是2月24号！”

“对！”杜鲁克点点头，“我还要试试有没有别的答案，再取2，3，5试试。”

胖团长还真够快的：“2×3×5=30，是2月30号。”

“不成！”爱数王子插话，“2月份最多有29天，不会有2月30号。”

“对！这就是说，另外两批，一批有3个人，另一批有4个人。侦察小分队总共才有9个人，不多！”杜鲁克不以为意。

爱数王子提醒说：“既然是侦察小分队，任务主要是侦察，人数一定不多，但是它的作用绝不可低估。特别是它由鬼算王子亲自带领，一定有重要任务！”

杜鲁克拍拍脑门儿：“会是什么重要任务呢？”

爱数王子双手一拍：“告诉铁塔营长，还要继续审问鬼都怕，我相信他一定知道侦察的目的！”

审问一开始，鬼都怕只承认他是来和财政大臣接头的，别的一概不知。经过多次问话，鬼都怕就是咬牙不说，把铁塔营长急出了一脑瓜子汗。

铁塔营长忽然想起鬼算王国的人都怕挨饿，他一拍双手：“你如果还不交代，我饿你一周！”

此招果然见效，鬼都怕立刻跪在地上磕头：“我天不怕，地不怕，就怕挨饿。我说，我全交代!”

“快说!”

“你们的财政大臣给我们传来情报，说鬼一刀和鬼无影已经完成任务。鬼算国王半信半疑，他特别让鬼算王子亲自带领一支侦察小分队查实一下。”

“如果真如鬼算国王所计划的行事，会怎么样?”

“鬼算国王会趁爱数王国混乱之时，发动进攻，偷袭你们!”

“你和财政大臣接上头以后怎么办?”

“我向第二分队发信号，告诉他们，我们已经接上头了。”

铁塔营长把审问结果及时汇报给爱数王子。

爱数王子低头沉思了一会儿：“咱们不妨来个将计就计。”

七八大臣问：“怎么个将计就计?”

爱数王子让大家聚拢过来，然后小声说：“咱们可以这样……”

大家听完以后齐声叫道：“好主意！就这么办!”

爱数王子分头布置任务，让大家赶紧去做准备，

王子和杜鲁克在暗处隐藏好。

铁塔营长接到命令，让鬼都怕立即发信号，告诉第二分队，他俩和财政大臣已经接上头了。

鬼都怕点点头，他先呜嗷呜嗷学了两声猫头鹰叫，又呱呱呱学了三声癞蛤蟆叫，接着又嚯嚯嚯嚯学了四声蛐蛐儿叫。

杜鲁克听到之后心想：鬼都怕学的动物有天上飞的，有地上跑的，还有水里游的，陆海空全齐了，嘻嘻，真有意思！

不多会儿，后面传来“嗷——嗷——”两声狼嚎，深夜里听起来十分瘆人。接着就听到脚步声，只见三个黑影匆忙赶来。领头的不是别人，正是鬼算王子。

杜鲁克有点儿不解："鬼算王子应该在最后的一个小分队才对，压轴的都是最后一个出场，他怎么跑到中间的小分队里了？"

爱数王子解释说："这正是鬼算国王狡猾的地方。前面的小分队怕遇到我们的哨兵，后面的小分队怕我们抄他的后路，待在中间最保险，打仗时统帅都在中军就是这个意思。所以他把鬼算王子放在第二小分队。"

鬼算王子见到了鬼都怕、不怕鬼和财政大臣，忙问："爱数王子和杜鲁克真的死了吗？"

三个人一齐点头："肯定是死了！"

鬼算王子下令："带我去看看。"

财政大臣忙说："那里看守的士兵非常多，你去了有危险！"

"有危险我也要去，爱数王国不乏有计谋之人，我怕其中有诈，不亲眼看看我不放心。财政大臣带路，咱们去王宫！"说完，鬼算王子的刀尖已经顶在财政大臣的后腰上了。

财政大臣知道不去是不行了，他点点头："好，我带路！"

将计就计

财政大臣哈着腰在前面带路，鬼算王子一行五人在后面紧紧跟着。快到王宫了，只见前面灯火通明，哭声阵阵。他们走到王宫前面，藏在一块大的假山石后，偷偷往王宫里看。

只见王宫的正中央立着一个大牌位，写着“爱数王子之灵位”。旁边有一个小一点儿的牌位，上写“参谋长杜鲁克之灵位”。七八大臣带领众多官员臂缠黑纱，跪在牌位前痛哭流涕，哭声一声高过一声，个个都是鼻涕眼泪一把抓。

鬼算王子在暗处看见，微笑着连连点头：“嘿嘿，爱数王子和数学小子果然是一命呜呼了。领头儿的死了，数学小子也死了，看来消灭爱数王国的日子不远了！”

鬼算王子转身对财政大臣说：“你继续当好密探，钱我们有的是，只要你好好给我们干，将来有你的荣华富贵！”

鬼算王子一挥手：“撤！”他刚一迈步，突然又停了下来，他回头问财政大臣：“怎么没看见鬼一刀和鬼无影啊？”

财政大臣回答：“他俩刺杀成功后，都被爱数王国的士兵抓起来了，现在关在监狱里。”

鬼算王子思考了一下：“今天来不及救他俩了，回头再救吧！”说完脚下一用力，“嗖嗖嗖”一股烟似的消失在黑夜中。

财政大臣一回身，发现爱数王子和杜鲁克已经站在他的身后。爱数王子点点头说：“你这个密探当得不错，表演逼真，你要想将功折罪，以后还要好好表现！”

“是！”财政大臣低着头回答，“我一定好好表现！”

话分两头，再说鬼算王子跑回国内，在王宫里见到了鬼算国王。

鬼算国王急不可待地问：“爱数王子和杜鲁克真死了？”

“百分之百地死了！”鬼算王子兴奋地说，“他们在王宫里设了灵堂，里面有爱数王子和杜鲁克的牌位，七八大臣带领一班官员跪在牌位前，哭得惊天动地呀！”

“哈哈！爱数王子和数学小子，你们也有今天，真乃天助我也！”鬼算国王眼睛里冒着光，“鬼司令听令！”

“在！”鬼司令站了出来。这位鬼司令长得是又瘦又高，戴着一顶高高的司令帽，站在那儿活像一根竹竿。

鬼算国王命令：“你点齐我的精锐部队秘密出发，夜袭爱数王国，我在后面督阵，咱们打他个措手不及，为我们白天的战败报仇！”

“得令！”鬼司令向国王敬了一个礼，又狂妄地说，“有我亲自指挥，用不着精锐部队全体出马，带一部分就够了。”说完转身跑了出去。

鬼算国王引以为豪的精锐部队人数并不多，只有几十人，他们都经过了层层筛选，个个身强体壮，武艺超群。他们手拿鬼头大刀，肩背硬弓，腰里缠有一圈儿飞镖，腿上还插有一把锋利的匕首。

鬼司令让士兵排成一个长方形的队形，在他的带领下跑步前进，鬼算国王在后面远远跟着。

跑到爱数王国的边界，为了不出声响，鬼司令命令士兵变跑步为小碎步前进。边界没发现有爱数王国的哨兵站岗，显然是国内大乱，这里也就无人执勤了，真是千载难逢的好机会。

鬼司令带领士兵快速越过边界，直插王宫。但是，鬼算国王则停留在鬼算王国这一侧等待消息。

走了一阵子，鬼司令觉得离王宫不远了，因为已经能清晰地听到从王宫里传出的哭声。再穿过前面的山谷，就到王宫了。

鬼司令异常兴奋，他对士兵说："马上就到王宫了，大家跟我上！"说完带领精锐部队走进了山谷。

当他们都进入山谷后，只听铁塔营长在山顶上炸雷似的一声喊："给我狠狠地打！"顿时从两面的山上飞下大量的滚木礌石，精锐部队的士兵死伤不少。

鬼司令凭作战经验知道自己陷入了敌人布置的陷阱，唯一的自救办法就是赶紧后撤。他大喊："撤，快撤！"

士兵们刚掉头往回跑，就听铁塔营长又高喊："弓箭连放箭！"一时间箭如飞蝗，从两面的山顶上飞射下来，精锐部队的士兵又倒下好些。

铁塔营长见时机成熟，立刻举刀站在山顶上："大刀连、长枪连、铜锤连、短棍连跟着我冲啊！"爱数王国的士兵个个奋勇当先，直向山谷冲去，喊杀声震耳欲聋。

精锐部队的士兵被这样的阵势吓坏了，撒腿就跑，只恨爹娘少生了两条腿。他们连滚带爬地跑回了鬼算王国。鬼司令个儿高腿长，第一个跑了回来，只见他司令帽掉了，指挥刀也丢了，胳膊上中了一箭，还不断往下滴血。

鬼算国王见状大吃一惊，爱数王国怎么会有准备呢？他命令鬼司令赶紧清点队伍，看看有多大的损失。

鬼司令也顾不上查看自己的伤势，让剩下的士兵排队，正好排成一个正方形。鬼司令向鬼算国王报告："这次偷袭，我究竟带了多少兵已经记不清了，反正正好排成一个长方形，只知道我军阵亡了20名士兵！"

鬼算国王一瞪眼睛："我没问你死了多少人，我要知道有多少人活着回来了！"

鬼司令一看鬼算国王生气了，吓得结结巴巴地说："出发前士兵排成了一个长方形队列，回来以后只排成了一个正方形。正方形队列的一边和原长方形队列短边一样长，另一边比原长方形的长边少了4名士兵，战斗中共阵亡了20名士兵，剩下的都跑回来了，跑回来多少士兵我也不知道。"

"废物!"鬼算国王的怒气未消，"你趴在地上好好算一算!"

鬼司令还是没弄懂，他趴在地上画了一个图（其中O表示生还的士兵，△表示阵亡的士兵），开始计算。

一共阵亡了20名士兵，已知正方形的一边和原长方形队列的短边一样长，而正方形队列的一边比长方形队列的长边少4名士兵，则长方形的短边是20÷4=5，这也是正方形的边长，那么活下来的人数就是：5×5=25人。

画完这张图，鬼司令点点头，说：“这下子我明白了，国王的精锐部队我只带走了9×5=45人，阵亡了20人，回来了25人。一画图多明白！”

鬼算国王怒吼道：“你还有脸说呀！我多年培养的精锐部队，一下子让你报销了20人！”

鬼算王子在一旁劝说：“父王不用生气，打仗有胜有负，咱们从长计议，先回王宫吧！”

鬼算国王恶狠狠地说：“爱数王子，你等着，我和你没完！”

化装侦察

一连数日，鬼算王国没有动静。这时爱数王子反而坐不住了，他深知鬼算国王不会善罢甘休的，他一定在计划着更大的阴谋。可是，他下一步想干什么呢？不能这样干等着，要到鬼算王国去实地侦察一下，正所谓“知己知彼，百战不殆”。

爱数王子决定只带杜鲁克一人前去侦察。爱数王子化装成一个有钱的富商，穿戴十分华丽，头戴小帽，身穿黄色的绸子衣裤，戴着墨镜，嘴上留着两撇小胡子，腰间依旧挂着他那把宝剑，骑着那匹白色宝马。

杜鲁克化装成一个小仆人，头戴一顶黑色的小毡帽，脸上涂了许多黑色油彩，显得黑了许多，身穿黑色衣裤，远远看去，又瘦又小。他骑着一匹黑马。

爱数王子要到鬼算王国去侦察，很多官员表示反对。

七八大臣第一个反对，他说：“我们和鬼算王国交战，取得了巨大的胜利。鬼算国王已是惊弓之鸟，他不敢再来侵犯我国。你和参谋长前去侦察，万一遇到点儿麻烦，我们爱数王国将无人领导，那损失可太大了！”

五八司令也说：“鬼算国王已经被我们打趴下了，他不敢再捣乱了！”

爱数王子摇摇头：“你们越是这样说，我就越需要去。麻痹大意害死人哪！鬼算国王绝不是一个轻易认输的人，他灭我爱数王国之心不死！”

众官员见拦不住，都叮嘱王子一路小心。七八大臣偷偷把铁塔营长叫到一边，让他带两名武艺高强、头脑灵活的士兵暗地跟随，保护他俩的安全。铁塔营长点头称是。

这天夜晚，天上没有月亮，大地漆黑一片。爱数王子和杜鲁克每人拉着一匹马，悄悄离开了王宫，抄小路向鬼算王国走去。快到国境线时，两人骑上马飞也似的越过了国境线。

不一会儿，又有三匹快马呼的一声飞驰而过，这是铁塔营长带领两名士兵在后面保护。

天亮了，爱数王子带领杜鲁克去了一处兵营。由于常年和鬼算王国打交道，爱数王子对鬼算王国的一草一木都非常熟悉。这处兵营正是鬼算国王的精锐部队所在地。

兵营门口有哨兵把守，进去是不可能的。两人下了马，在兵营门口溜达，寻找机会。这时一名厨师从里面走了出来，爱数王子赶紧迎了上去，从口袋里掏出一枚金币，悄悄塞到厨师的手里。

厨师低头一看，是一枚金币，抬头一看，眼前站着一位阔商人，心中一喜。

厨师客气地问："不知你找我有什么事？"

"也没什么要紧的事。"爱数王子说，"我就想知道，咱们这座兵营里有多少士兵？将来他们需要什么，我也可以做点儿买卖。"

厨师笑着说："你这位买卖人真会做买卖，把生意都做到兵营来了。不过，兵营里有多少士兵是军事秘密，我不能告诉你。"

"那是，那是。"爱数王子非常理解地点点头，随手又在厨师的手里塞进一枚金币，"你现在正干什么活儿啊？”

“刷碗！”厨师皱着眉头说，“刷碗这活儿，最讨厌了，又脏又累。你看，我刚刚刷完65个大碗。”

“你怎么刷那么多碗？”

“早饭是每2名士兵给一碗饭，3名士兵给一碗鸡蛋羹，4名士兵给一碗肉，一共用了65个大碗。这么多大碗，我刷了好半天才刷完。”

“还是精锐部队吃得香，早饭就这么丰富。师傅辛苦，再见！”爱数王子也不再问，挥手和厨师告别。

爱数王子和杜鲁克来到一偏僻处，王子对杜鲁克说：“你能不能根据厨师说的这些数据，算出来兵营里有多少士兵？”

“应该可以，我来试试。”杜鲁克边算边写，“厨师说出了碗的总数以及士兵和碗的关系。如果能求出每名士兵占多少个碗，就可以求出士兵人数。”

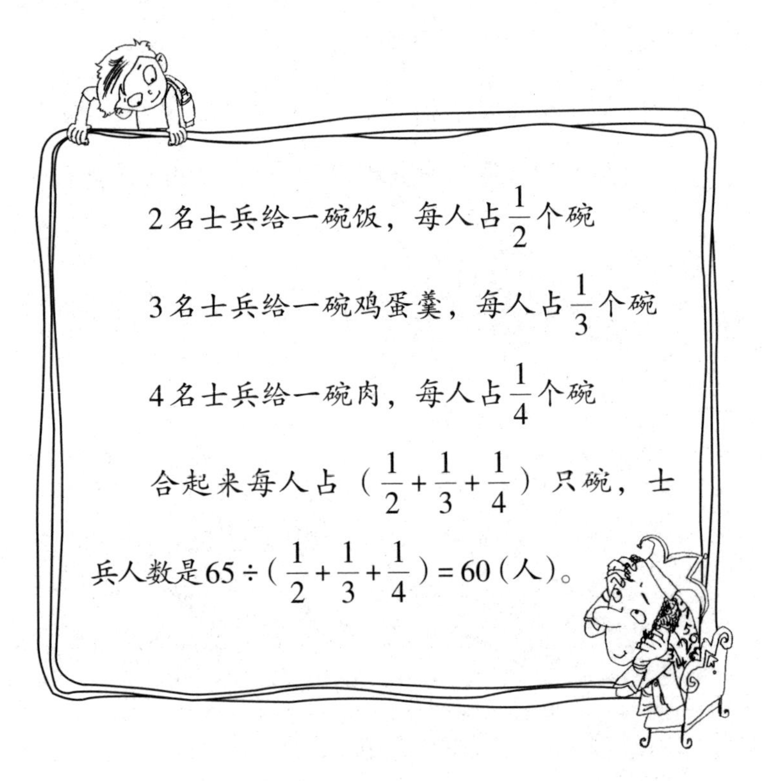

2名士兵给一碗饭，每人占$\frac{1}{2}$个碗

3名士兵给一碗鸡蛋羹，每人占$\frac{1}{3}$个碗

4名士兵给一碗肉，每人占$\frac{1}{4}$个碗

合起来每人占$\left(\frac{1}{2}+\frac{1}{3}+\frac{1}{4}\right)$只碗，士兵人数是$65\div\left(\frac{1}{2}+\frac{1}{3}+\frac{1}{4}\right)=60$（人）。

"啊!"爱数王子听了这个结果，倒吸了一口凉气。

杜鲁克忙问："你怎么了?"

爱数王子解释说："我知道鬼算国王的精锐部队，也就是他的御林军，原来只有50人，现在扩充到了60人，说明鬼算国王正在增兵，增兵的目的还是要侵犯我们爱数王国呀!"

"哇!"杜鲁克也吃了一惊，"多亏来侦察了，不然咱们还蒙在鼓里呢!"

爱数王子说："咱俩再探一探，看鬼算国王还有什么秘密！先去他们的练兵场。"

"走!"杜鲁克来了精神。

来到鬼算王国的练兵场，他们看到士兵们都在练习射箭。

爱数王子问一名士兵："你们为什么都练习射箭呢?"

这名士兵上下打量了一下爱数王子："看来你不是当地人，我们的鬼算国王正在加紧练兵，准备进攻爱数王国。国王说了，要想打败爱数王国，必须先消灭爱数王子和他的参谋长。"

“这和练习射箭有什么关系?”

“鬼算国王告诉我们，这次进攻爱数王国，只用一招就可成功，就是万箭齐射爱数王子和他的参谋长，只要他俩一死，他们就兵败如山倒，完蛋了!”

爱数王子点点头，心想：鬼算国王这招十分凶狠，如果事前不知，还真要吃大亏。想着想着，他手心都出汗了。

前面忽然嚷嚷起来了，爱数王子和杜鲁克走过去一看，是五名士兵在争吵着什么。

五兄弟争名次

爱数王子走上前问：“你们在吵什么？”

其中一名士兵说：“好了，来明白人了。让这位明白人给咱们评评理！”

王子问：“发生什么事了？”

这名士兵继续说：“我们五个人是一个射箭小组的，其实我们是亲兄弟五个。我叫大毛，他们分别叫二毛、三毛、四毛和五毛。”

“哈哈！”杜鲁克又忍不住笑了，“又是一群小鬼！”

大毛没理杜鲁克，继续说：“我们进行射箭比赛，每次每人射一箭，然后按射中靶子的环数排名。第一名记5分，第二名记4分，然后是3分、2分、1分。不许有并列名次，如果出现，就再射一次。”

王子问：“你们共射了几次？”

“射了5次。结果每人最后的总分也各不相同。二毛总共得了24分，最多。三毛、四毛和我，得分都不比五毛少，而五毛第一次得了5分，第二次得了3分。五毛的总分应该最少，可是他不服。他说他的得分最高。三毛、四毛也说他们得分最高。现在是也不知道谁高谁低了。你是明白人，帮我们算算吧。”

“没问题！”爱数王子笑嘻嘻地说，“这么简单的问题，让我的仆人算就成了。”

“啊！推给我了？”杜鲁克无奈地摇摇头。

杜鲁克想了想说：“你们射一次箭就一定会出现5分、4分、3分、2分、1分。加起来是5+4+3+2+1=15分。你们一共射了五次，总分应该是15×5=75分。”

“没错，就是75分，连这个小仆人都这么明白！”大毛连连点头。

“二毛总共得了24分，其余的4个人共得了75-24=51分。五毛第一次得了5分，第二次得了3分，剩下的三次，就算他每次都是最后一名。”

二毛插话说：“什么就算他每次都是最后一名？本来最后三次，老五次次垫底，每次都是老末！”

“老末也得1分哪！5次加起来是5+3+1+1+1=11分。算出来了，五毛得了11分。”杜鲁克完成了任务。

五毛站出来了：“可是，我第一次射的是第一，5分哪！第二次射的是第三，也有3分哪！虽然说最后三次没射好，可是我还得过第一呀！”

四毛出来帮腔：“只有把我们哥儿五个的得分都算出来，老五才能服气。”

看来不给他们算清楚真是不成。杜鲁克说：“好吧，我来算。大毛刚才说了，你们射了五次，结果每人的最后的总分各不相同，而且从大毛到四毛，得分都不比五毛少，这样一来，只有11+12+13+15才得51，说明二毛得分最高，五毛得分最低。大毛、三毛、四毛虽然每人具体得分我不知道，但是一定是12，13，15三个数中的一个。”

爱数王子笑着说：“看来二毛的射箭有两下子，射了五次，四次第一。”

见有人夸奖他，二毛骄傲地一扬头说：“不是跟你吹牛，我长这么大，还没有人超得过我呢！”

爱数王子说：“咱俩比比？”

“比就比，也让你见识见识我二毛的厉害！咱俩怎么个比法？”

“每人还是射5箭，由于你是射箭高手，计分时就简单点儿。射中靶心得1分，射不中靶心，哪怕是偏一点点，也是0分。”

“好！咱俩就这样比。我先来。”二毛站好位置，拈弓搭箭，瞄准靶心，大吼一声：“着！”只见箭离弦而去，砰的一声正中靶心。

“好！”周围一片叫好声。

二毛骄傲地冲大家点点头，又射第二箭、第三箭、第四箭，次次射中靶心。二毛冲爱数王子举起右手，伸开五指，表示5分即将到手。他在一片欢呼声中猛地射出第五箭，这一箭没射中靶心，只偏了一点点，周围一片惋惜声。

该爱数王子了，他拉弓似满月，箭出如流星，啪啪啪啪啪一连五箭，箭箭射中靶心，由于五支箭都射在同一点上，就好像在这一点上开出了一朵箭花。

“好哇！”周围的人欢声雷动，大家为爱数王子出众的射术拍手叫好。

爱数王子拍拍二毛的肩膀安慰说：“你已经很棒了，再练习一些日子，一定能超过我！”

二毛摇摇头：“恐怕没时间喽！明天我们就要出发去攻打爱数王国了。”

“明天就打？”爱数王子听了这个消息，不觉一愣：鬼算国王行动如此迅速，我要赶紧回国进行布置。

正在这时，一队人马跑了过来。领头的不是别人，正是鬼算王子。

鬼算王子听到这里有人大声叫好，就带领卫兵赶了过来，看看究竟发生了什么事情。他一眼就看到了爱数王子，觉得此人非常面熟。

鬼算王子一指爱数王子，问："喂，你是从哪儿来的？我怎么看你面熟哇？"

爱数王子心中暗暗一惊，我乔装打扮，怎么鬼算王子也能认得出来？

爱数王子笑笑说："买卖人，哪儿都去，见的人多了，难免和鬼算王子也见过面。"

"不对！"鬼算王子说，"你不但面熟，而且说话的声音也非常熟悉。让我想一想——"

爱数王子一看不好，要露馅儿！他立刻向杜鲁克做了一个手势，两人骑上马飞快地跑了。

鬼算王子这时才恍然大悟。他一举手中的武器，高喊："他是爱数王子，那个小个子是他们的参谋长杜鲁克，快追！"

"追呀！你们哪里跑！"鬼算王子领着卫兵催马扬鞭，在后面紧紧追赶。

由于杜鲁克骑术不精，很快就跟不上爱数王子了。爱数王子着急地喊："快！快！"可是杜鲁克的马就是快不起来。

眼看着鬼算王子的马队越追越近，杜鲁克头上的汗吧嗒吧嗒一个劲儿往下滴。鬼算王子的剑都快要扎到杜鲁克了。在这紧要关头，从侧面冲过来三匹快马，领头的正是铁塔营长。他抡起大刀当的一声，把鬼算王子的剑给挡开了。

铁塔营长说："王子和参谋长，你们快走，鬼算王子交给我啦！"说完带领两名士兵和鬼算王子混战在一起。

爱数王子和杜鲁克快马加鞭地赶回爱数王国。七八大臣领着众官员正在边境线等着他俩，见两人跑了回来，大家赶紧迎了上去。

爱数王子一挥手："大家迅速回王宫，召开紧急军事会议！"

真真假假

在军事会议上，爱数王子把侦察到的情况向大家做了介绍。

大家得知鬼算国王明天就来进攻，感到十分吃惊。对于要乱箭射杀爱数王子和杜鲁克的做法，大家都非常愤慨。

七八大臣说："多亏王子和参谋长去鬼算王国进行了侦察，否则明天鬼算王国来犯，咱们一点儿准备也没有，必吃大亏！"

五八司令着急地问："时间如此紧迫，我们应该准备些什么呢？"众官员七嘴八舌，议论纷纷。

爱数王子摆摆手，让大家安静："各位不要惊慌，我自有安排。"这时，王子突然压低了声音，小声布置了明天迎敌的方案。

众官员听后纷纷点头说："好主意！"

第二天天刚蒙蒙亮，鬼算国王就带兵来到了两国边境，见爱数王国守城的士兵没有几个，他哈哈大笑："看来爱数王子还在睡大觉呢！咱们去堵爱数王子的被窝喽！走！"

鬼算国王刚指挥士兵攻城，只听得城上突然响起了大鼓的声音，"咚咚咚——"鼓点儿一阵紧似一阵。

"啊！他们有准备？"鬼算国王大吃一惊。他眼珠一转，高喊："他们早有准备更好，各个部队按原计划执行！"

士兵答应一声，拿来云梯准备攻城。这时突然有人喊："快看！爱数王子、参谋长、七八大臣出来了！"

鬼算国王抬头一看，在清晨的薄雾中，城楼上站着三个模糊的人影，依稀能辨别出来，站在正中间的是爱数王子，左边是七八大臣，右边是杜鲁克。

鬼算国王一拍大腿："好极了！天助我也，我要一股脑儿地把这三个核心人物消灭掉！"他把鬼头大刀向上一举，高喊："弓箭营听令！"

弓箭营的士兵答应一声："在！"

鬼算国王命令："大家往前站！"

“是！”几十名弓箭手齐刷刷地在最前面站成了一排。

“瞄准城楼上的三个人，给我放箭！放！”

只见万箭齐发，箭如雨点儿般地飞向城楼。

一阵箭雨过后，鬼算国王抬头一看，爱数王子等三人依然站在城楼之上，纹丝不动。

“啊？这三个人怎么不怕射呢？”鬼算国王有点儿晕，他揉了揉眼睛再细看，三个人确实还站在那儿。

鬼算国王发怒了：“弓箭营狠狠给我射！”利箭更密集地向城楼狂射过去。

鬼算国王抬头一看：“嗯？爱数王子怎么还站在那儿？”他彻底糊涂了。

正在这时，城楼上又鼓声大作，城门突然大开，一队手握长枪的爱数王国士兵冲了出来。他们对准站在最前面的弓箭手一通猛扎，弓箭手纷纷倒地，乱成一片。

鬼算国王一看大事不好，高喊：“好汉不吃眼前亏，撤！”

鬼算王国的士兵听到国王的命令立刻掉头就跑，

爱数王国的士兵也不追，只是在后面大声叫喊：“追呀！冲啊！”吓得鬼算王国的士兵头也不敢回，拼了命地往回跑。

这时，真的爱数王子、七八大臣和杜鲁克才登上了城楼。原来刚才站在城楼上的只是三个用稻草扎的假人。爱数王子知道鬼算国王要用箭射他们，便学习古代诸葛亮草船借箭的办法，让鬼算国王上了当。

爱数王子下令：“数一下，看看稻草人身上有多少支箭？”

过了一会儿，一名士兵跑来报告：“经过清点，从三个稻草人身上共取下600支箭。其中，从假参谋长身上取下的箭，比从假七八大臣身上取下的箭多16支；从假王子身上取下的箭是假大臣的2倍。”

爱数王子笑着说：“好哇，你一个小兵也敢出题考我？我现在就给你算——我用‘王’表示我的假人身上的箭数，用‘首’和‘参’分别表示七八大臣和参谋长假人身上的箭数。这样可以列出三个算式……”

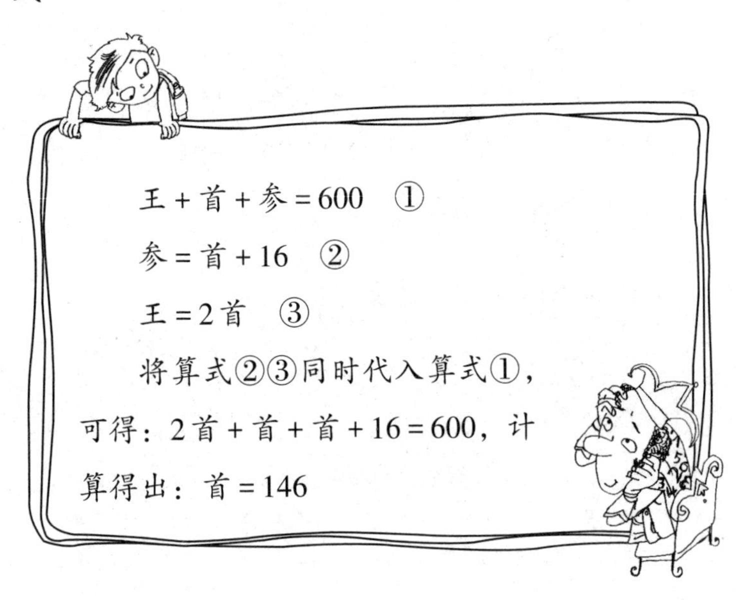

“其余两个我来算。”士兵在地上写出：

王 = 2 首 = 2 × 146 = 292（支）

参 = 首 + 16 = 146 + 16 = 162（支）

士兵摇摇头：“鬼算国王可真够狠的，把差不多一半儿的箭都射在王子身上了。”

爱数王子笑着说：“多来，咱们就多收，多多益善，上不封顶。哈哈！”

鬼算国王带着士兵向后撤了足有一公里，看看爱数王国的士兵没有追上来，才让大家停止撤退。

鬼算国王擦了一把头上的汗，问鬼算王子：“你看清楚没有，爱数王子和杜鲁克是否给射中了？”

鬼算王子喘了几口粗气：“父王，今天早晨天空有雾，看不大清楚，反正我看到爱数王子、七八大臣和杜鲁克身上都中了好多箭，估计他们是活不成了！”

鬼算国王双手握拳，恶狠狠地说：“只要打败了这三个，事情就好办了。”

这时鬼司令站了出来，他说：“有侦察士兵来报，城楼上站的是三个假人，估计是三个稻草人。咱们射出的箭全扎在稻草人身上了。”

“啊！这是真的吗？”鬼算国王听了鬼司令的这番话，犹如当头挨了一闷棍，“这么说，我的大批箭都白送给他们了！我鬼算国王什么时候吃过这么大的亏？”

鬼司令问：“国王，下一步怎么办？”

“命令部队全体集合！”鬼算国王眼睛都红了，“继续进攻！誓死拿下爱数王国！”

鬼司令和鬼算王子同时答应：“是！”

尽管鬼算国王带兵退了回去，但是爱数王子仍站在城楼上，没有回王宫休息。

五八司令说：“咱们回王宫吧！”

爱数王子摇摇头：“不成！刚刚这场战斗鬼算国王没有受到致命性的打击，据我对他的了解，他不会甘心失败，一定还会杀一个回马枪。咱们在这儿静观其变，伺机而动吧！”

排列进攻梯队

既然鬼算国王下了进攻的命令，鬼司令就要具体安排进攻方案。

鬼司令请示鬼算国王："这次我们带来了一个长枪营，一个弓箭营，一个短刀营，一个骑兵营。咱们应该采用什么样的进攻梯队？"

鬼算国王眉头紧皱，用手拍着脑门儿说："让我想想——长枪营是负责开道的，它只能排在第一或第二梯队；弓箭营只能排在第二或第三梯队；短刀营必须排在骑兵营前面。你去排吧！看看有多少种排法。"

"是！"鬼司令退了下来。他心里打起了鼓，这梯队应该怎么排呀？他知道自己的数学十分差劲，这个任务光靠自己是完成不了的，可作为一支军队的司令，如果连冲锋的梯队都排不出来，肯定要掉脑袋！想到这儿，他就觉得脖子后面凉飕飕的。怎么办？他一回头，看到了鬼算王子，哈，找鬼算王子算算，算错了还能把责任推给他！

鬼司令先冲鬼算王子行了一个军礼，然后强装笑容："王子你在这儿待着玩呢？"

鬼算王子一愣，心想："今天鬼司令很奇怪，怎么跟我没话找话说。"他问："鬼司令有事吗？"

"有，有。这事非王子不能解决！嘻嘻！"鬼司令一个劲儿地讨好王子。

"有事快说！"鬼算王子不耐烦地说。

鬼司令就把鬼算国王让他排进攻梯队的事原原本本地说了一遍。鬼算王子一听也直摇头。鬼司令一看鬼算王子没答应，咕咚一声跪倒在地上。

鬼司令哀求："王子怎么也要帮我这个忙！否则我死定了！"

"鬼司令请起，咱俩共同来排吧！"鬼算王子扶起了鬼司令，"四个营，只能一个营一个营来考虑。"

"对，多了就乱了套了。先考虑哪个营呢？"

"先考虑长枪营，让它排在第一梯队。弓箭营排在第二梯队。"

"国王就是让这样排的。另两个营呢?"

"由于短刀营必须排在骑兵营前面，可以让短刀营排在第三梯队，骑兵营排在第四梯队。"

鬼司令高兴地拍手说道："成！这是第一种排法。第二种排法呢?"

鬼算王子想了一下："还是让长枪营排在第一梯队，弓箭营排在第三梯队，短刀营排在第二梯队，骑兵营仍排在第四梯队。"

鬼司令高兴地跳了起来："又成功了！再来一种排法。"

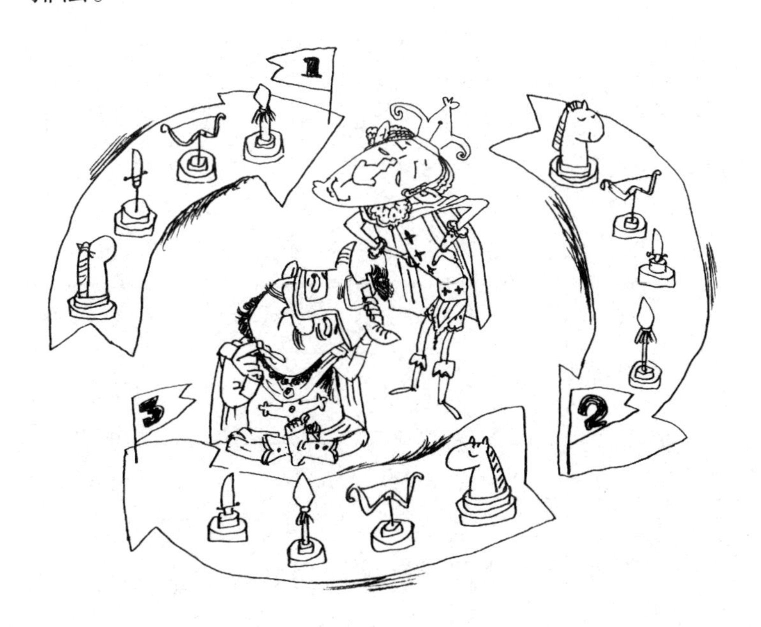

“弓箭营只能排在第二或第三梯队，能排在第一梯队的只剩下短刀营了。可以让短刀营排在第一梯队，长枪营排在第二梯队，弓箭营排在第三梯队，骑兵营排在第四梯队。”鬼算王子想了想说，“只有这三种排法了。”

“齐了！我赶紧把这三种排法记下来交给国王。”鬼司令列了一个表：

	第一梯队	第二梯队	第三梯队	第四梯队
第一种排法	长枪营	弓箭营	短刀营	骑兵营
第二种排法	长枪营	短刀营	弓箭营	骑兵营
第三种排法	短刀营	长枪营	弓箭营	骑兵营

鬼算国王接过表一看，不住地点头：“嗯，鬼司令大有进步！这个计划做得也不错，一目了然哪！我选择第二种排法。”

鬼司令问：“为什么？”

“在刚才的战斗中，弓箭营损失很大，把它放在前面会影响战斗力的。”

鬼司令又问：“骑兵营有很强的战斗力，为什么把它放在最后？”

“骑兵营是快速部队，能应对各种危急情况，随时应变。”

鬼司令一竖大拇指：“高，实在是高！国王，真不愧是国王！”

鬼司令把手中的令旗连连摇动：“各营士兵听我指挥，按长枪营、短刀营、弓箭营、骑兵营的顺序排成四个梯队。跟着我向爱数王国进攻，冲啊！”他挥舞着指挥刀，带头冲了上去。

爱数王子站在城楼上正等着鬼算国王回来。忽然探子来报：“报告爱数王子，鬼算王国的军队分为四个梯队，在鬼司令的带领下正向我国进发！”

王子问：“四个梯队是如何排列的？”

探子回答：“四个梯队从前到后，依次是长枪营、短刀营、弓箭营、骑兵营。”

七八大臣皱了皱眉头说：“鬼算国王把长枪、短刀放在最前面，是想要强攻啊！”

杜鲁克有点儿沉不住气：“那咱们该怎么办哪？”

“咱们有鬼算国王送来的600支利箭，怕什么？”爱数王子下达命令，“让弓箭连的士兵到城墙上来，让骑兵在城门后面集结好，准备战斗！让铜锤连和短棍连在敌人的左右两侧埋伏好，等候我的命令！”

“是！”五八司令答应一声，转身跑步前去安排。

没隔多久，远处杀声震天，尘土飞扬，是鬼司令带领鬼算王国的士兵攻上来了。

铁塔营长命令弓箭连的士兵做好发射准备。待鬼算王国的长枪营刚刚到达城楼下面，铁塔营长大吼一声：“发射！”

弓箭连的士兵一齐放箭，箭如飞蝗，直射长枪营的士兵。长枪营的士兵没有盾牌，只能用手中的长枪拨开飞来的利箭。箭像雨点儿般地飞来，士兵拨开左边飞来的箭，就来不及拨开右边飞来的箭；拨开了上面飞来的箭，却来不及拨开射向下面的箭。长枪营的士兵纷纷中箭倒地，鬼司令肩上和腿上也各中一箭。

此时，鬼司令已经顾不上自己受伤，赶紧下达命令：“长枪营往后撤，短刀营到前面来！”

长枪营撤为第二梯队，而短刀营变成了第一梯队。短刀营的士兵由于手中既有短刀，也有盾牌，可以挡住飞来的箭，所以很快就攻到了城门口。

忽然，城楼上鼓声大作，城门呼啦一声打开了，爱数王国骑兵连的士兵骑着高头大马从城门里猛冲出来，他们手握战刀对着短刀营的士兵一通猛砍。由于短刀只适用于短兵相接，无法抵挡骑兵战刀的攻击，短刀营被骑兵连冲得七零八落，士兵们被砍得东倒西歪，很快就败下阵来。

鬼算国王看到这种情况大吃一惊，赶紧下令：“骑兵营往前冲！”骑兵营刚想往前冲，只见城楼上令旗升起，铜锤连和短棍连的士兵从左右两侧一齐冲出。铜锤连的士兵双手各持一把大铜锤，专砸战马的脑袋；短棍连的士兵左右手各执一根短棍，专打战马的腿。一时间鬼算王国骑兵营的战马纷纷倒地，骑兵都从马上摔了下来，马嘶人叫，乱作一团。

这时爱数王国的骑兵连也杀了过来，鬼算王国的骑兵营已无心恋战，纷纷掉转马头往回就跑。鬼算国王大喊：“好汉不吃眼前亏，撤退！”他和鬼司令各抢过一匹战马一跃而上，在马屁股上狠狠拍了两巴掌，马噌的一声就蹿了出去，逃回鬼算王国。

爱数王子说：“穷寇莫追，鸣锣收兵！”锣声响起，爱数王国的士兵得胜而归。

丢盔卸甲

鬼算国王一口气跑回王宫，鬼算王子赶紧把他扶下马来。

鬼算国王先擦了把头上的汗，又仰头灌进一大碗水，定了定神说："好可怕呀！我带去了四个营的兵力，而爱数王国只有铁塔营长的一个营，我们硬是被他们打败了！可恼哇！可气！"

鬼算王子在一旁劝说："父王不要生气，胜败乃兵家常事，况且我军损失也不会太大。"

"什么？损失不大？"鬼算国王瞪大了眼睛，"这次没有全军覆没，就算便宜咱们了！"

他一回头叫道："鬼司令！"

鬼司令双手捂住自己身上的两处箭伤，答应："在！"

"你马上去清点一下我军的损失，给我报上来！"

“是！”鬼司令掉头跑了出去。

过了一会儿，鬼司令气喘吁吁地跑了回来。他向鬼算国王行了一个军礼：“报告国王，受损失的一共有100名士兵。”

“这么多？”鬼算国王皱起眉头问，“具体说说损失的情况。”

鬼司令拿出一张字条，念道：“这100名士兵中，有70人丢了武器，75人丢了军帽，80人跑丢鞋，85人逃跑时扔掉了背包。”

鬼算国王咬着牙说：“丢盔卸甲，溃不成军！丢人哪，丢人！我想知道，把武器、军帽、鞋、背包通通都丢了的有几个人？”

“这——”鬼司令哪会算这么难的问题，他张口结舌，站在那儿一句话也说不出来。

“谅你也算不出来！”鬼算国王轻蔑地看了鬼司令一眼，“这个问题应该从反面去考虑：在这100名士兵中，没有丢失武器的有100−70=30人，没有丢失军帽的有100−75=25人，没有跑丢鞋的有100−80=20人，没有扔掉背包的有100−85=15人。”

鬼司令问："往下怎么算？"

在这100人中，武器、军帽、鞋、背包至少有一样没丢的人，最多有30＋25＋20＋15＝90人，那么四样全丢的至少有10人。

鬼算国王算完后说："把这些人给我找来！"

"是！"鬼司令又跑了出去。

过了好一会儿，鬼司令领来了一队士兵："报告国王，符合要求的不多不少正好10个人。"

你看这10名士兵，个个光着头，赤着脚，身上没有任何装备，垂头丧气地站在那儿。

鬼算国王一看，气得蹦起来老高："你们这些没用的家伙！来人哪，拉出去砍了脑袋！"

这些士兵听说要砍脑袋，扑通一声全跪下了："国王饶命！下次再也不敢了！如果再打仗，我们一定奋不顾身，奋勇杀敌！”

“嘿嘿，”鬼算国王冷笑了两声，“我要指望你们这些残兵败将去打仗，猴年马月也占领不了爱数王国！”

鬼算国王骑上马冲鬼算王子招招手：“你跟我走！”

“是！”鬼算王子骑上马跟着父亲走去。他们先走了一段平路，然后进了山。沿着崎岖的山路，他们又走了很长一段路。

鬼算国王骑马在前一言不发，鬼算王子不禁问道：“父王，咱们这是去哪儿啊？”

“你不用问，到时候就知道了。”

再往前走，路就越来越窄了，走到一个拐弯处，忽听有人高声问：“口令？”

鬼算国王回答：“不是人！”

鬼算王子一惊，心想，父王是气糊涂了吧，怎么张口就骂人？

鬼算国王反问：“口令？”

对方回答：“豺狼虎豹！”

鬼算王子又一惊：怎么全是吃人的猛兽？

这时从两边的隐蔽处走出两名手拿长枪的鬼算王

国士兵，朝鬼算国王单腿跪下，齐声说："拜见鬼算国王！拜见鬼算王子！"

"好！"鬼算国王说，"带我们到猛兽园看看！"

"噢——"直到这时鬼算王子才想起来，父亲曾跟他提起过秘密建了一个猛兽园，养了许多珍稀猛兽。但是绝大多数人都没见过这个猛兽园，连他这个王子都没来过。

一名士兵带着他俩先去了虎山。在虎山中，几十只大老虎个个身高体壮，威风凛凛。鬼算国王高兴地不住点头。来到了狮园，40多只雄狮和母狮在园中来回游荡，雄狮不时发出阵阵吼声，让人听了毛骨悚然。鬼算国王冲它们露出微笑。走到狼圈，几十匹大灰狼见到有生人到来，一齐扑了过来，龇牙咧嘴，嚎声不断。鬼算国王高兴得哈哈大笑。

鬼算王子问："我们刚刚打了败仗，您怎么有心思来看这些猛兽哇？"

"哈哈！"鬼算国王得意地说，"我到这儿，不是来欣赏动物，而是来备战的！"

"啊？到猛兽园备战？"鬼算王子越听越糊涂。

鬼算国王诡异地笑了笑："我不告诉你，你怎么也猜不到，你就等着看吧！"

话说两头，再说爱数王国。

爱数王子一连几天没有鬼算国王的消息，很不放心。王子知道，这次鬼算国王大败，他一定会回去积蓄力量，准备再犯。几天来，鬼算国风平浪静，非常不正常。王子派出探子火速侦察。

不久探子回报，鬼算国王和王子各骑一匹马走了，去向不明。

"啊？"爱数王子吃了一惊。这父子俩一定搞什么阴谋诡计去了，可是他俩跑到哪儿去了，又在计划什么阴谋呢？王子急得在王宫里坐立不安。

王子问杜鲁克："你有什么主意可以找到鬼算国王父子吗？"

"在我们那儿，可以派侦察机进行空中搜索，可是你们这儿没有侦察机呀！"说到这儿，杜鲁克突然灵机一动，"哎，你不是有黑、白两只雄鹰吗？它们和侦察机也差不多，你可以派两只雄鹰去搜索！"

"对呀！"爱数王子十分兴奋，"我立刻派它俩去搜索鬼算国王父子的下落。”

爱数王子打了一个呼哨，刹那，“咕——咕——”两声长鸣，黑、白两只雄鹰飞进了王宫，一只落在王子的左肩头，一只落在王子的右肩头。王子对它俩连比画带说好一阵子，两只雄鹰又是一声长鸣，飞出了王宫。

杜鲁克好奇地问：“你对它俩说什么啦？”

爱数王子笑了笑说：“兽有兽言，鸟有鸟语，我和它俩说鸟语呢！”

五八司令说：“这次鬼算国王被咱们打得丢盔卸甲，元气大伤。我就想不出，他还会有什么力量再来进犯我国。”

七八大臣摇摇头说：“你和鬼算国王打交道的时间还不够长，此人坏主意、鬼点子极多，对他是防不胜防啊！咱们稍有疏忽，必然吃亏。鬼算国王父子突然失踪，恐怕这里面有大阴谋！”

五八司令一副满不在乎的样子：“鬼算国王的兵没了，将少了，短时间哪里去找哇？缺兵少将他拿什么来攻打我们？”

大臣和司令正在争论，“咕——”一声长鸣，黑、白两只雄鹰相继飞回，仍落在王子的肩上。从两只雄鹰的动作上看，它俩有急事要告诉王子。

爱数王子用鸟语和它俩进行了交流。王子对大家说："雄鹰发现了鬼算国王父子的下落，但是无法说清这父子俩现在的位置。"

众官员着急地说："这可怎么办哪？"

忽然黑色雄鹰腾空而起，用巨大的双爪抓住了杜鲁克，咕的一声叫，把杜鲁克抓到了空中，在大家的头顶上转了一个圈儿，然后猛然飞出王宫，直奔万里晴空。白色雄鹰紧跟其后，也飞了出去。

杜鲁克被黑色雄鹰突如其来的动作吓呆了，等他明白过来的时候，已经到了半空。杜鲁克手脚乱蹬：“救命啊！我会摔死的！”

杜鲁克的叫声渐行渐远，不一会儿就听不到了。

王宫里的官员炸了窝了：“怎么办，参谋长被抓走了！”“这两只雄鹰怎么了？”“快想办法救参谋长啊！”

狮虎纵队

黑色雄鹰抓住杜鲁克向远处飞去，越过森林，跨过高山，也不知飞了多远的路，在一片草原落下了，停在一棵大柳树上。

杜鲁克抱着大树定了定神，他往下一看，大吃一惊，下面全是凶猛的野兽，有老虎、狮子、金钱豹、大灰狼，而更奇怪的是，鬼算国王行走在它们之中，安然无事！

突然，鬼算国王发出一声呼哨，全体野兽刹那鸦雀无声，都乖乖地站在原地不动。然后，鬼算国王一边做手势，一边从嘴里发出一种特殊的声音——他在给野兽们排列队形。

真神啦！杜鲁克有点儿不敢相信自己的眼睛。

鬼算国王挑出来4只老虎、4只狮子、4只金钱豹、4只大灰狼。鬼算国王先是横着排，第一排是4

只老虎，第二排是4只狮子，第三排是4只金钱豹，最后一排是4只大灰狼。

排好以后，他抬头问："儿啊，你看这样排法怎么样?"

"好是好，就是显得力量不太平均。第一排全是大老虎，最后一排全是大灰狼，这大灰狼怎么和老虎相比呀?"原来鬼算王子在另一棵树上呢！看来鬼算王子有些害怕这些猛兽。

鬼算国王点点头表示同意："最好的排法是，任何一行和任何一列都由老虎、狮子、金钱豹、大灰狼组成。上阵前我再饿它们10天，你看厉害不厉害?"

鬼算王子说："这样排法当然好，可是怎样才能排出这样的队列呢?"

"这个——"鬼算国王先低头琢磨了一阵，然后又抬头想。

鬼算国王这一抬头不要紧，他看到了大柳树上的杜鲁克。

鬼算国王用手一指杜鲁克，大叫："不好，有奸细!"听到他这一声喊，所有的猛兽一下子把大柳树团团围住。狮子吼，老虎叫，金钱豹向上蹿，大灰狼往上跳，情况十分危急，吓得杜鲁克死死抱住树干，一动也不敢动。

这四种猛兽中，金钱豹是会爬树的。两只金钱豹一前一后朝树上爬来，噌噌几下就接近了杜鲁克。杜鲁克大叫："救命啊！"

说时迟，那时快，黑色雄鹰抓起杜鲁克"咕——"的一声长鸣，腾空而起，朝爱数王国方向飞去。

鬼算国王叫道："秃鹫分队立即起飞，拦截黑色雄鹰！不能让杜鲁克返回爱数王国！"

呼啦啦飞来了好几只黑色秃鹫，呈扇面状扑了上来。忽听又一声长鸣，咕——白色雄鹰赶了过来，它向秃鹫发起了进攻。

白色雄鹰真是好样的，它一个抵挡一群秃鹫。白色雄鹰又撕，又咬，又抓，又挠，秃鹫的羽毛漫天飞舞，一个个败下阵来。

有白色雄鹰断后，黑色雄鹰顺利地飞回了爱数王国。黑色雄鹰飞进了王宫，把杜鲁克轻轻地放在了爱数王子的身边。

杜鲁克脚刚沾地，双腿一软，一屁股坐到了地上。他抹了一把头上的汗，声音颤抖地说："吓死我啦！"

众官员忙问："参谋长，你去哪儿了？"

"唉！别提了。"杜鲁克说，"黑色雄鹰找到了鬼算国王父子，它表达不出具体的位置，而事情紧急，可能是我人小，体重轻，它就把我抓了起来，飞到鬼算国王所在的地方。"

爱数王子急忙问："鬼算国王在干什么呢？"

"可了不得了！鬼算国王不知从哪儿弄来了很多猛兽，他想用4只老虎、4只狮子、4只金钱豹、4只大灰狼排出一个狮虎纵队打先锋，来进攻我们。"

"啊?!"在场的官员听后都大惊失色。

七八大臣说："早就听说鬼算国王养了不少的猛兽，但是一直不知道他把这些猛兽放在了什么地方，养它们干什么。现在一切都清楚了，他是为了打仗！"

五八司令着急了："咱们和鬼算王国的士兵打仗，那是有经验的。可是从来没和猛兽打过仗，狮子老虎齐上阵，这仗可怎么打呀？"

大家低头不语，都没有个主意，王宫里一片肃静。

“嘻嘻。”杜鲁克看大家严肃的模样，憋不住乐了。

爱数王子问：“参谋长发笑，是不是有什么破敌的高招？”

杜鲁克笑着说：“高招我没有，我有低招。”

“低招也行，你快说！”爱数王子十分着急。

杜鲁克晃悠着脑袋，慢条斯理地说：“我在家里看电视。当然，你们不知道什么是电视。有一个节目叫《动物世界》，可好玩了，我特别爱看。”

五八司令性子急：“参谋长你快说吧！”

“从电视里我知道老虎最爱吃野猪，狮子最爱吃小牛，金钱豹最爱吃小鹿，大灰狼最爱吃小羊。”

五八司令跺着脚：“参谋长你说的这些和打仗有什么关系？”

“你别着急呀！”杜鲁克说，“鬼算国王说啦，上阵前他要把这些猛兽饿上10天。如果我们找来一些猛兽爱吃的食物，往阵前一撒，这些猛兽哪还有心思打仗啊？还不都去追自己的美食去了。”

“对呀！”爱数王子高兴得从座位上跳了起来，紧紧抱住杜鲁克，“好主意呀！真不愧是我的参谋长啊！”

七八大臣可高兴不起来，他说：“也不知道鬼算国王什么时候来进攻。”

杜鲁克笑着说：“你不用着急，鬼算国王连狮虎纵队的队形都还没排好呢！他怎么来进攻？”

爱数王子马上问：“他想排一个什么样的队形？”

“哼，鬼算国王的要求可高了。”杜鲁克解释，“他要排出一个4×4的方阵，要求任何一行和任何一列都由老虎、狮子、金钱豹、大灰狼组成。”

“他排出来了吗？”

“没有！”杜鲁克摇晃脑袋说，“就他的数学水平，我看他是一时半会儿排不出来的。”

五八司令提了个建议：“参谋长，你的数学水平够高，你能不能给排出来？”

“这个——”杜鲁克有点儿为难。

爱数王子在一旁说：“参谋长，你就给排一下吧！你一定能排出来的。”

“好，我就试试。”杜鲁克画了一个4×4的方阵，先把4只老虎按对角线的方向填进去：

虎			
	虎		
		虎	
			虎

第二步再把4只狮子顺着这条对角线方向填进去：

虎	狮		
	虎	狮	
		虎	狮
狮			虎

接着再填豹：

虎	狮		豹
豹	虎	狮	
	豹	虎	狮
狮		豹	虎

最后填上狼：

虎	狮	狼	豹
豹	虎	狮	狼
狼	豹	虎	狮
狮	狼	豹	虎

填完以后，杜鲁克对大家说："你们检查一下，看看是不是每一行和每一列都由老虎、狮子、金钱豹、大灰狼组成？"

胖团长说："我来检查：横为行，纵为列，四行中每一行都有老虎、狮子、金钱豹和大灰狼；四列中每一列也都有老虎、狮子、金钱豹和大灰狼。合乎要求！"

好吃的来了

杜鲁克把狮虎纵队排列出来了，鬼算国王同样也排出来了。他让猛兽按要求排好，看着这个独特的狮虎纵队，他高兴得哈哈大笑。

鬼算国王指着爱数王国的方向大声说："爱数王子呀，爱数王子！我看你如何能阻挡住我的狮虎纵队！我要叫老虎咬你的头，狮子咬你的胸，金钱豹咬你的腰，大灰狼咬你的腿！看你往哪儿跑？"

说到兴奋处，他把手中的令旗一摇，命令："狮虎纵队打先锋，其他部队跟后边，兵伐爱数王国！"

16只猛兽走在前头，不断发出令人恐惧的吼声。鬼算国王带着大部队跟在后面，队伍浩浩荡荡，好不威武。沿途的百姓哪儿见过这个阵势，哪儿见过这么多猛兽，吓得纷纷跑回了家，把大门紧紧关上。

此时最得意的当然是鬼算国王了，他骑着一匹黑马，怀着必胜的信心跟在狮虎纵队的后面，不断地吆喝着，催猛兽们快走。

鬼算国王的队伍终于来到了国境线。他抬头一看，爱数王国守城的大门紧闭，城上也不见士兵，四周静悄悄的。他有点儿纳闷儿，怎么在边境重镇硬是无人把守？而后一想，爱数王子前一次打了胜仗，肯定以为我元气大伤，不会很快来进攻。好吧，让你尝尝我狮虎纵队的厉害！想到这儿，他把手中的令旗一摆，下令："进攻！"

还没等狮虎纵队进攻，守城的士兵用大炮发射了鲜美的肉球。这些饿了10天的猛兽个个饥肠辘辘，看见这么多美食，哪有不抓的道理？16只猛兽呼啦一声散开了，各自去找自己喜欢吃的肉球。

鬼算国王一看就急了，手中的令旗不停地摇晃，嘴里大喊："我的宝贝，你们回来，打了胜仗，回家有的是好吃的，给你们管够！"

饿了10天的猛兽看见好吃的，任他鬼算国王说什么也无动于衷。16只猛兽各自追逐猎物，刹那跑得没了踪影。

这时，只听城楼上鼓声大作，爱数王国的军队从城里冲了出来。由于鬼算王国的部队准备不足，再加上刚刚被打败过，士兵已经没了斗志，结果被爱数王国的部队杀得四散奔逃。鬼算国王在鬼算王子的掩护下，总算逃回了鬼算王国。

在鬼算王国的王宫里，鬼算国王低着头坐在王座上一言不发，众官员在他身边围成一圈儿，眼睛看着他，鸦雀无声。

鬼算国王猛一抬头说：“这么伟大的狮虎纵队，怎么就失败了呢?”这话既像问别人，又像问自己。

从一旁闪出来军机大臣鬼主意，他说：“狮虎纵队应该是强大无比的，关键是把它们饿了10天。而爱数王子又掌握了这个秘密，他放出野肉球，这些饿极了的猛兽哪有不追的道理。”

鬼算国王问：“依你看应该怎么办?”

“我们再组织第二个狮虎纵队，事先把它们喂得饱饱的，另外给每只猛兽都拴上一副铁链子，派专人牵着它们，以免它们乱跑。等到爱数王国的军队出来了，我们再放开铁链子，让它们冲锋陷阵！”

其他官员听了纷纷点头，都称赞这是一个好主意！

外交大臣鬼算计补充说：“我建议把狮虎纵队的队形也改一改，由正方形变成三角形，其中一个角冲着敌军，这样更有冲击力！我们组成一个虎队、一个狮队、一个豹队、一个狼队。由一个方队变成四个三角队，威力会大大地加强。”

“好！”又是一阵叫好声。

鬼算国王利落地从王座上蹦了下来。他先拍拍鬼主意的左肩，又拍拍鬼算计的右肩：“好主意呀！真是好主意！走，咱们这就演练队伍去！”

爱数王子这边也没敢闲着，在王宫里他正与众官员商量对策。王子还是坚持要了解鬼算国王的动态，要有准确的情报。可是派谁去刺探情报呢？

研究了半天，大家都觉得还是杜鲁克去最合适。第一，他知道鬼算国王的猛兽园在什么地方；第二，杜鲁克脑子好用，发现问题能及时想出解决的方法。这次用肉球吸引猛兽四散跑开，就是杜鲁克出的绝招。上次是黑色雄鹰抓住他飞去的，当时杜鲁克很受罪，这次还得黑色雄鹰带他去，但是不能再被抓着了。

七八大臣说："这个容易，咱们做一个笼子，参谋长坐在笼子里面，让黑色雄鹰抓着笼子飞到鬼算国王的猛兽园，这样既安全又舒服。"

"好，就这样办！"爱数王子拍了板儿。

杜鲁克自嘲地说："我乘热气球上过天，被大鹰抓着上过天，这次我再尝尝坐在笼子里上天是什么滋味。哈哈，只有我才有这份福气！"

笼子很快做好了，杜鲁克坐进笼子里，冲大家一抱拳："各位在此稍候，我去去就来！"

黑色雄鹰"咕——"长鸣一声，抓住笼子腾空而起，白色雄鹰紧跟其后，一同飞走。

这边鬼算国王带着众大臣正在猛兽园排列队形。他指挥说："先排虎队，领头的应该是虎王，后面是普通老虎。这些老虎都听虎王的，虎王干什么，它们就跟着干什么，非常听话。"

士兵按照鬼算国王的命令排列了虎队：

虎王

老虎　老虎

老虎　老虎　老虎

老虎　老虎　老虎　老虎

鬼算国王看着虎队连连点头："好，好！原来的狮虎纵队只有4只老虎，而且虎王的作用也发挥不出来。现在变成10只老虎，威力增加了1.5倍！"

士兵们给每只老虎都戴上了一副铁锁链，铁锁链一头拴在老虎的脖子上，另一头有个大铁环，由一名士兵牵着。这样，10只老虎的后面就配备了10名牵铁锁链的士兵。

接着按照虎队的模式，又组成了狮队、豹队、狼队，每队都有10只猛兽，各配备10名拉铁锁链的士兵。

鬼算国王看着面貌一新的狮虎纵队，高兴得连连说："好，好，这样狮虎纵队由一个队变成四个队，猛兽由16只变成40只，而且由虎王、狮王、豹王、狼王率领，我再把这些猛兽喂得饱饱的，我们必胜无疑！我们试走一下。听我的口令，齐步走！一、二、一……"

四个三角形队列，40只猛兽，40名牵猛兽的士兵，迈着整齐的步伐向前进，猛兽们吼声不断，士兵们杀声震天，这支队伍果然十分壮观。

突然，鬼算王子一指天空："父王你看，空中有黑白两只雄鹰！"

"在哪里？"鬼算国王手搭凉棚，向空中瞭望，"那只黑色雄鹰好像还抓着一只笼子。"

"笼子里还坐着一个人。"

"那人好像是杜鲁克！"

"没错，就是杜鲁克！"

"不好！杜鲁克又来刺探情报！"鬼算国王下达命令，"弓箭手，把那两只雄鹰给我射下来！"

一时间万箭齐发，直射黑白双鹰。

黑色雄鹰长鸣一声，抓住笼子向高处飞去。白色雄鹰扇动巨大的翅膀，掀起巨大的气流，把来箭纷纷扇了下去。

杜鲁克在笼子里说："情况已经探明，咱们回去吧！"雄鹰好像听懂了杜鲁克的话，一前一后朝爱数王国方向飞去。

兵临城下

鬼算国王率领着部队在后急追，又向爱数王国进发。这次是新组成的狮虎纵队打前锋，40只猛兽一路吼叫，威风凛凛。

来到了爱数王国的守城边境，鬼算国王刚想叫阵，城门呼啦一声大开，铁塔营长带领大刀连的士兵冲了出来，迎面遇到了老虎队，10只老虎在虎王的带领下，朝大刀连的士兵扑了上去。

铁塔营长一看老虎扑了上来，立刻下令："赶快撤！"大刀连的士兵掉头就往城里跑。鬼算国王一看时机已到，把手中的令旗一摇："冲啊！"士兵们在狮虎纵队的带领下冲进了城。

大刀连在前面跑，狮虎纵队紧追。由于老虎的脖子上都拴有铁链子，而士兵紧紧拉住大铁环，老虎跑不快，所以一直没有追上。

大刀连跑进了一片树林，林子里的树木长得又粗又高，树干要两三个人手拉手才能抱过来。虎队、狮队、豹队、狼队紧跟着追了进来。

狮虎纵队掉入了林中陷阱，一下子溃不成军。虎王、狮王、豹王、狼王被捉住了，剩下的野兽四散逃命去了。

铁塔营长放下手中的大刀问："参谋长，你说应该怎么处置它们？"

"把它们放归山林，让它们去过自由自在的生活吧。"

"参谋长说得好！我完全同意！"爱数王子走了过来，他接过铁塔营长手中的大刀一跃而起，咔嚓一声，将拴在虎王脖子上的铁锁链砍断。它趴在地上喘了几口气，站起来，回头看了一眼爱数王子，嗷地吼了一声，飞快地跑走了。

爱数王子又连砍三刀，把拴在狮王、豹王、狼王脖子上的铁锁链也都砍断，放它们走了。

铁塔营长一声令下，带领大刀连士兵又回过头来向鬼算王国的部队发起猛攻。

鬼算王国的士兵看到威力强大的狮虎纵队溃败，

也无心恋战，转身就跑，鬼算国王又一次大败而归。

铁塔营长刚想乘胜追击，爱数王子高喊："穷寇莫迫！鸣锣收兵。"接着锣声响起，爱数王国的士兵都停止了追击。

鬼算国王在鬼算王子、鬼司令的保护下狼狈逃回了王宫。

鬼算国王气急败坏地说："这都是什么人出的主意！"

军机大臣鬼主意摇摇头说："看来爱数王国真有计谋。"

外交大臣鬼算计也说："我们屡战屡败，绝不是我们的士兵不勇敢，也绝不是鬼算国王的指挥不英明，实在是爱数王国计划周密，我们总被他算计，总落入他的圈套哇！"

鬼算国王斩钉截铁地说："不用问，此人就是他们的参谋长杜鲁克！我和他打了不少交道，这个娃娃厉害得很，看来杜鲁克不除掉，我们永无胜利的可能！"

鬼司令领着众大臣齐声高呼："打倒杜鲁克！消灭杜鲁克！"

鬼算王子问："父王，我们还要进攻爱数王国吗？"

鬼算国王摇摇头说："不能再硬打了，要想点儿别的主意。"

鬼司令问："什么主意？"

"首先要把爱数王子和杜鲁克分开，这两个人，一个会打仗，一个数学特别好。他俩在一起就能见招拆招，我的计划总被他俩识破。如果把他俩拆开，爱数王国会威力大减，才有可能被打败！"说到这儿，鬼算国王突然想起来，"你们去看看，我的老虎、狮子、金钱豹、大灰狼回来几只。"

一名士兵跑来报告："报告国王，老虎、狮子、金钱豹、大灰狼一只也没回来！"

"啊！"鬼算国王大叫一声，一屁股坐在了王座上，"这些爱兽是我多年培养和训练出来的，这一下子都完了！此仇一定要报！"

突然，一名探子匆匆跑来："报！报告国王，大事不好啦！爱数王子亲率大军向我王宫方向杀来！"

"什么？"鬼算国王呆呆地坐在了王座上，不知所措。

王宫里众大臣看见国王这副模样都吓坏了，立刻乱作一团。此时鬼算王子站了出来，摆摆手大声说：“大家镇定！镇定！鬼司令立刻召集现有的部队准备抵抗，我和外交大臣鬼算计去和爱数王子谈判，拖住他们。军机大臣鬼主意快扶国王到后宫休息。”

这时，鬼算国王忽然从王座上跳了下来，说：“既然鬼算王子去和爱数王子谈判，我就不用休息了。”原来鬼算国王听说爱数王子领兵来攻打他，一时没了主意。

鬼算王子和外交大臣各骑一匹快马，只带了少数几个卫兵去迎爱数王子的部队。他们正催马飞奔，忽然看见前面战旗飞舞，鼓声震天，爱数王子骑着一匹白马，旁边的杜鲁克骑着一匹黑马，领着部队迎面而来。

爱数王子看见鬼算王子和外交大臣来了，命令部队停下。

鬼算王子冲爱数王子一抱拳：“爱数王子领兵前来，目的何在？”

爱数王子回抱拳说：“鬼算国王几次三番领兵攻打我们，我这次来就是想和鬼算国王有个了结，我们希望两国不再进行战争，而是和平相处。”

听了爱数王子的这番话，鬼算王子立刻下马：“爱数王子的想法和我一样。我们两国都喜欢数学，如果我们把打仗的精力用于学习数学，那该多好！我想让贵国军队暂时停在这儿，爱数王子和我回到鬼算王宫具体商议一下，怎么样？”

爱数王子问：“这里离鬼算王宫还有多远？”

“这个——”鬼算王子想了一下，“上次我从王宫到这里办事是骑马，速度每小时30千米。办完事我马上又坐车回王宫，车速是每小时15千米，一个来回共用了1小时。”说到这儿，鬼算王子忽然停住了。

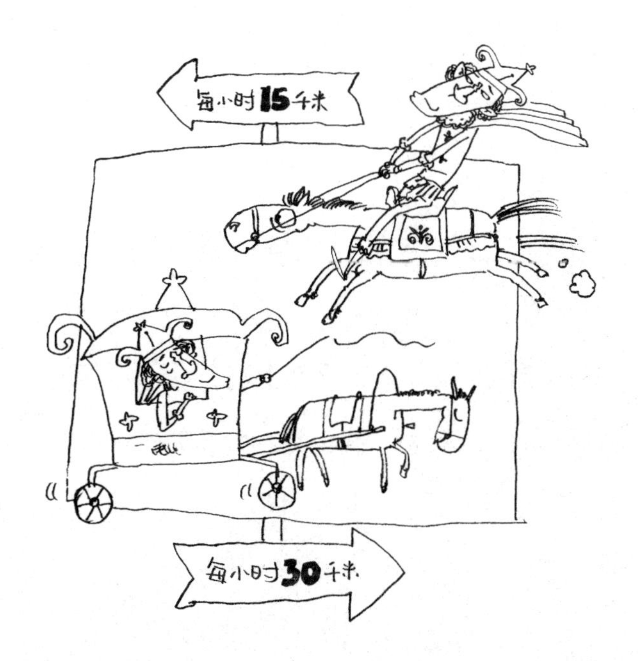

爱数王子心里明白，这是鬼算王子在出题考自己。他微微一笑：“看来我必须把这段距离算出来了。由于骑马的速度是坐车速度的2倍，因此坐车用的时间就是骑马用的时间的2倍。”

鬼算王子点点头：“是这么个关系。往下呢？”

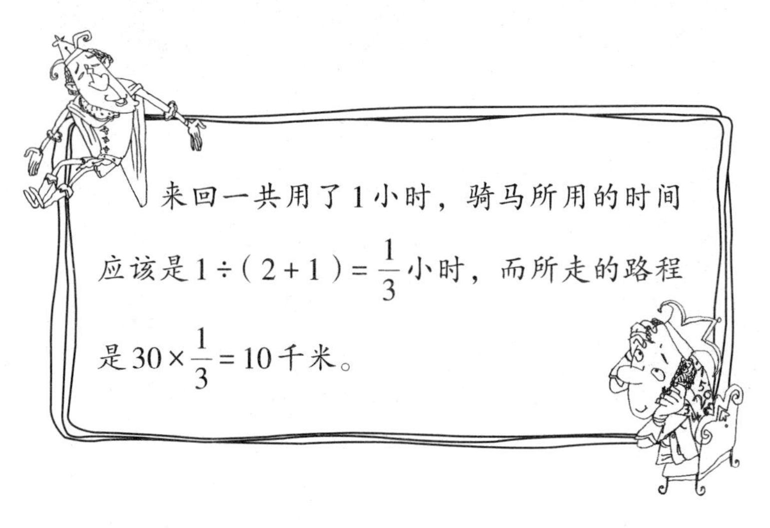

爱数王子算完问：“从这儿到鬼算王宫是10千米，对不对？”

“对，对。”鬼算王子重新上马，“爱数王子，请！”

杜鲁克在一旁说：“我也去，鬼算王子不会反对吧？”

鬼算王子忙说：“不反对，不反对。欢迎参谋长同去！”

协议停战

鬼算王子带着爱数王子和杜鲁克来到了鬼算王宫，一进大厅就看见鬼算国王坐在王座上，嘴歪眼斜，口吐白沫，嘴里不知嘟囔着什么。

爱数王子忙问："鬼算国王这是怎么了?"

"唉!"鬼算王子先叹了一口气，"我父王几次兵败，思虑过多，现在正在犯病。王子你也看见了，我父王的病恐怕一时半会儿也好不了。"

爱数王子说："既然有病就要及时治疗，安心休养。"

"我本来就没有侵占贵国领土的想法，父王这一病，更没人这样想了。"鬼算王子的态度还挺诚恳，"我把爱数王子请来王宫，一是来看看我父王得病是真；二是想和爱数王子签订停战协议，两国互不出兵，和平相处。"

爱数王子高兴地说："这正合我意，我们现在就签。"

"不忙。"外交大臣鬼算计站出来说，"按照我们国家的规矩，要签停战协议，首先要给弓神、箭神、枪神、刀神，最后还有战神献花。"

"每位神仙献上一枝花？"

"那可不行！给每位神仙献多少枝花，在我们这儿是有严格规定的。"

"怎么个献法？"

鬼算计一本正经地说："花的总枝数是固定的，其中的$\frac{1}{3}$献给弓神，$\frac{1}{5}$献给箭神，$\frac{1}{6}$献给枪神，还有$\frac{1}{4}$献给刀神，把最后剩下的6枝花献给最伟大的战神。"

爱数王子问："这一共要多少枝花？"

"这个——"鬼算计摇摇头说，"具体有多少枝，我也不知道。"

爱数王子知道这又是在考他，他刚想解答，一旁的杜鲁克说话了："这么简单的问题就不劳爱数王子了，我来告诉你。”

杜鲁克指着鬼算计说：“为了让你听清楚，我说得详细点儿。假设所有的花放在一起算整体1，献给弓神、箭神、枪神、刀神的花分别占总数的$\frac{1}{3}$，$\frac{1}{5}$，$\frac{1}{6}$，$\frac{1}{4}$。最后剩下了6枝花，这6枝花占总数的多少呢？

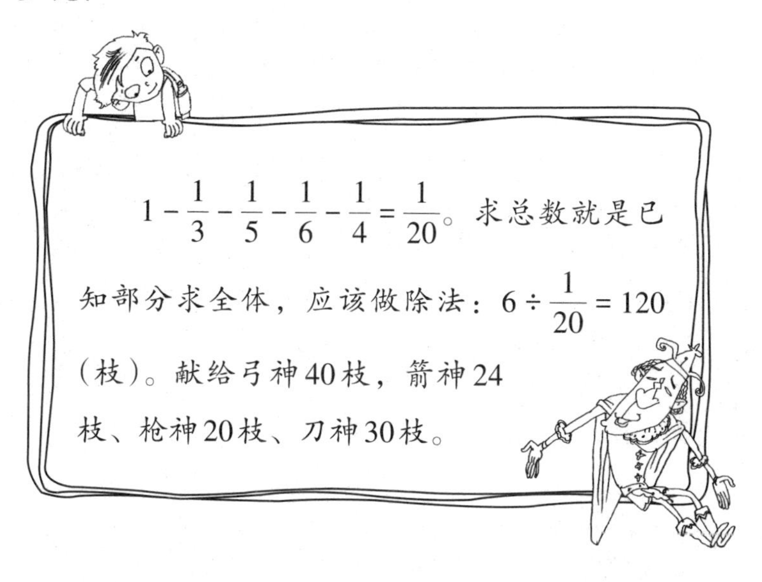

“哎！不对呀！怎么献给最伟大的战神的花最少哇，才6枝。我看哪，就冲你们对战神这样不恭敬，这仗还是要打呀！”杜鲁克早就看出来鬼算王子和鬼算计玩的这一出，还有鬼算国王的病都是假的。

鬼算王子怕戏演砸了，赶紧出来打圆场：“外交大臣记的数字可能有错误，这一次我们就不献花了。”

杜鲁克又甩出一句闲话：“不给这么多神仙献花，那不更要打仗了吗？”

“不打，不打！”鬼算王子赶紧把话岔开，“我们赶紧签停战协议吧！”

爱数王子和鬼算王子在停战协议上签了字。签好后，爱数王子带着杜鲁克、领着士兵返回爱数王国。

爱数王子刚刚离开，鬼算国王猛地从座位上跳了起来，喘了一口气说：“好了，戏演成了！只要爱数王国退兵，不再进攻咱们，就给了咱们喘息的机会。君子报仇，十年不晚，看我怎样收拾爱数王子和那个杜鲁克！”

众官员齐呼：“鬼算国王英明！鬼算国王万岁！”

爱数王子领着大部队返回国内，杜鲁克问：“今天鬼算国王、鬼算王子显然是在演戏，你怎么就同意和他签停战协议呢？这不是上他们的当了吗？”

爱数王子微微一笑：“你以为我没有看出他们在演戏？鬼算国王老奸巨猾，为了占领我们的国土，他什么花招都使得出来。他和我们交手连吃了几次败仗，但据我了解他的军队的实力还在。现在我们进攻他，如果把他逼急了，他会和咱们拼命。如果和一支不要命的队伍打仗，损失会十分惨重！”

杜鲁克点点头说：“那，还是先别打了。”

“鬼算国王不会甘心失败的，更大的较量还在后面。”爱数王子把军队全部撤回国内。

扫码加入

奇思妙想数学营

快 乐 解 码　爱 上 数 学

01. 数学小故事

益智随身听
走进奇妙的数学营

02. 思维大闯关

数学知识趣味测试题
边玩边学

03. 应用题特训

详解小学经典应用题
提分有诀窍

04. 学习小技巧

找到正确的学习方法
提高学习效率